河北坝上闪电河国家湿地公园管理处 主编

闪电河湿地
植物图谱

中国林业出版社
China Forestry Publishing House

图书在版编目(CIP)数据

闪电河湿地植物图谱/河北坝上闪电河国家湿地公园管理处主编.-- 北京：中国林业出版社,2024.4
ISBN 978-7-5219-2663-7

Ⅰ.①闪… Ⅱ.①河… Ⅲ.①沼泽化地—植物—沽源县—图集 Ⅳ.①Q948.522.24-64

中国国家版本馆CIP数据核字(2024)第066574号

策划编辑：肖　静
责任编辑：袁丽莉　肖　静
装帧设计：北京八度出版服务机构

出版发行：中国林业出版社
　　　　（100009，北京市西城区刘海胡同7号，电话83143577）
电子邮箱：cfphzbs@163.com
网　址：www.forestry.gov.cn/lycb.html
印　刷：河北京平诚乾印刷有限公司
版　次：2024年4月第1版
印　次：2024年4月第1次印刷
开　本：787mm×1092mm　1/16
印　张：19.75
字　数：280千字
定　价：158.00元

《闪电河湿地植物图谱》编写委员会

顾　　问：赵　赞　任　强　王建林
特邀顾问：刘　洵　刘　博
主　　任：聂　明
副 主 任：郭建林　马占成
主　　编：黄旭新　崔建军
副 主 编：岳晓敏　刘世超　陆　龙
编　　委：宫彦军　杨延斌　白晓鸣　范剑萍　任　海
　　　　　刘志哲　王泽民　王旭东　时军校
参编人员：刘　会　王秀琴　侯慧娟　刘建鹏　梁梦宇
　　　　　陈泽东　刘晓洁　胡浩宇　常　磊　宫雪倩
　　　　　刘玉龙　刘　军　刘军辉　刘　娟　殷建伟
摄　　影：赵永春　崔建军　李成国　董　上　陆　龙
　　　　　陈　明　孙李光　王高运　张旭光　迟国正
　　　　　祝汉国　张玉江　张文斗

序 言

河北坝上闪电河国家湿地公园成立于2009年，是河北省首家国家湿地公园，总面积4119.9公顷，位于张家口市沽源县境内，南靠燕山山脉和太行山脉，北面是锡林郭勒草原，是北方农牧交错带最典型的代表区域，孕育了多样的生物资源和典型的生态系统类型。闪电河湿地素有"京津水塔"之称，是环京津地区最重要的生态屏障之一。

河北坝上闪电河国家湿地公园管理处开展了十余年的湿地植物监测和调查工作，编者在广泛调查研究和整理资料的基础上精心编制了《闪电河湿地植物图谱》。该书收录湿地植物近300种，内容丰富、资料翔实、图文并茂、简明实用，记录了闪电河湿地植物的中文名、学名、别名、特征、生境、用途，并配有能呈现出植物主要特征的彩色照片，摸清了闪电河湿地的植物资源家底，为湿地植物资源的研究与保护提供了基础数据，为广大青少年和植物爱好者认识和了解闪电河湿地植物提供了参考书目，具有一定的实践指导价值。

《闪电河湿地植物图谱》的出版是河北坝上闪电河国家湿地公园管理处多年工作的积累和总结，希望以此为契机，进一步提升公园管理处的能力建设水平，提升闪电河湿地的保护与管理成效，帮助公众了解湿地、热爱湿地，并积极参与到湿地家园的保护中来。

北京林业大学教授、标本馆馆长

2024年3月

前　言

湿地植物是湿地生态系统的生产者，也是湿地生物多样性的主要贡献者。闪电河湿地位于素有"三河之源"之称的河北省张家口市沽源县境内，地处华北平原向内蒙古高原过渡隆起带，有山地、丘陵、沼泽和沼泽化草甸、河流、湖泊、库塘等各类资源，属典型的天然兼人工复合型内陆湿地，孕育了丰富的生物资源和典型多样的生物群落。闪电河湿地植物具有坝上高原湿地植物的显著特点，对净化水源、防止土壤侵蚀、美化环境、保护生物多样性，以及维护沽源县及周边和京津地区的生态环境具有重要作用。闪电河湿地植物单属单种科较多，菊科占比相对较高，对于物种多样性和遗传多样性方面的研究具有很高的价值。

2009年，河北省林业调查规划设计院在闪电河湿地开展了第一次植物资源本底调查，共发现植物50科140属210种。随着湿地公园建设和保护工作的开展，通过不断地深入调查，闪电河湿地每年都有新的植物被发现、报道、研究和利用。为了更好地掌握现有植物资源的情况，2022—2023年，管理处工作人员对现有植物资源进行调查，通过采集大量的植物标本和深入研究，积累了比较完整的资料，为《闪电河湿地植物图谱》的编写奠定了坚实的基础。

本书收录了闪电河湿地野生植物59科187属297种。每种植物通过2~3张彩色照片，生动、真实地反映了其野外生态环境和分类识别特征，并配有简明扼要的文字描述，介绍其形态特征和识别要点，便于读者图文对照。书中蕨类植物科的排序参考秦仁昌系统（1978年），被子植物科的排序参考恩格勒系统（1964年），物种按学名首字母排序，植物的学名、中文名主要参考《Flora of China》《中国植物志》。

本书在出版过程中得到了中国科学院植物研究所植物分类学博士刘博的审核和指导，野外调查及标本采集工作得到了国家林业和草原局、河北省林业和草原局的大力支持，以及沽源县委、县政府的资金支持，在此一并表示衷心的感谢！

限于编者的水平，书中难免有错误和不妥之处，恳请各位专家读者批评指正。

编者
2024年3月

目 录

序 言

前 言

木贼属 *Equisetum*
问荆 *Equisetum arvense* 1
节节草 *Equisetum ramosissimum* 2
水蕨属 *Ceratopteris*
水蕨 *Ceratopteris thalictroides* 3
蹄盖蕨属 *Athyrium*
中华蹄盖蕨 *Athyrium sinense* 4
岩蕨属 *Woodsia*
岩蕨 *Woodsia ilvensis* 5
百蕊草属 *Thesium*
百蕊草 *Thesium chinense* 6
西伯利亚蓼属 *Knorringia*
西伯利亚蓼 *Knorringia sibirica* 7
冰岛蓼属 *Koenigia*
叉分蓼 *Koenigia divaricata* 8
蓼属 *Persicaria*
酸模叶蓼 *Persicaria lapathifolia* 9
萹蓄属 *Polygonum*
萹蓄 *Polygonum aviculare* 10
拳参 *Polygonum bistorta* 11
大黄属 *Rheum*
波叶大黄 *Rheum rhabarbarum* 12
酸模属 *Rumex*
巴天酸模 *Rumex patientia* 13
无心菜属 *Arenaria*
老牛筋 *Arenaria juncea* 14

卷耳属 *Cerastium*
卷耳 *Cerastium arvense* subsp. *strictum* 15
石竹属 *Dianthus*
瞿麦 *Dianthus superbus* 16
石头花属 *Gypsophila*
草原石头花 *Gypsophila davurica* 17
圆锥石头花 *Gypsophila paniculata* 18
蝇子草属 *Silene*
山蚂蚱草 *Silene jenisseensis* 19
蔓茎蝇子草 *Silene repens* 20
繁缕属 *Stellaria*
叉歧繁缕 *Stellaria dichotoma* 21
箐姑草 *Stellaria vestita* 22
藜属 *Chenopodium*
小藜 *Chenopodium ficifolium* 23
碱蓬属 *Suaeda*
碱蓬 *Suaeda glauca* 24
苋属 *Amaranthus*
反枝苋 *Amaranthus retroflexus* 25
皱果苋 *Amaranthus viridis* 26
珍珠柴属 *Caroxylon*
珍珠柴 *Caroxylon passerinum* 27
乌头属 *Aconitum*
牛扁 *Aconitum barbatum* var. *puberulum* 28
华北乌头 *Aconitum jeholense* var. *angustius* 29
北乌头 *Aconitum kusnezoffii* 30
银莲花属 *Anemone*
银莲花 *Anemone cathayensis* 31
小花草玉梅 *Anemone rivularis* var. *flore-minore* 32
耧斗菜属 *Aquilegia*
华北耧斗菜 *Aquilegia yabeana* 33

水毛茛属 Batrachium
水毛茛 Batrachium bungei — 34
铁线莲属 Clematis
芹叶铁线莲 Clematis aethusifolia — 35
棉团铁线莲 Clematis hexapetala — 36
长冬草 Clematis hexapetala var. tchefouensis — 37
长瓣铁线莲 Clematis macropetala — 38
翠雀属 Delphinium
翠雀 Delphinium grandiflorum — 39
碱毛茛属 Halerpestes
碱毛茛 Halerpestes sarmentosa — 40
长叶碱毛茛 Halerpestes ruthenica — 41
白头翁属 Pulsatilla
白头翁 Pulsatilla chinensis — 42
毛茛属 Ranunculus
毛茛 Ranunculus japonicus — 43
高原毛茛 Ranunculus tanguticus — 44
唐松草属 Thalictrum
唐松草 Thalictrum aquilegiifolium var. sibiricum — 45
东亚唐松草 Thalictrum minus var. hypoleucum — 46
瓣蕊唐松草 Thalictrum petaloideum — 47
长柄唐松草 Thalictrum przewalskii — 48
展枝唐松草 Thalictrum squarrosum — 49
金莲花属 Trollius
金莲花 Trollius chinensis — 50
芍药属 Paeonia
草芍药 Paeonia obovata — 51
白屈菜属 Chelidonium
白屈菜 Chelidonium majus — 52
罂粟属 Papaver
野罂粟 Papaver nudicaule — 53
芸薹属 Brassica
芸薹 Brassica rapa var. oleifera — 54

碎米荠属 Cardamine
白花碎米荠 Cardamine leucantha — 55
紫花碎米芥 Cardamine tangutorum — 56
香芥属 Clausia
毛萼香芥 Clausia trichosepala — 57
播娘蒿属 Descurainia
播娘蒿 Descurainia sophia — 58
花旗杆属 Dontostemon
花旗杆 Dontostemon dentatus — 59
葶苈属 Draba
葶苈 Draba nemorosa — 60
糖芥属 Erysimum
糖芥 Erysimum amurense — 61
小花糖芥 Erysimum cheiranthoides — 62
八宝属 Hylotelephium
白八宝 Hylotelephium pallescens — 63
长药八宝 Hylotelephium spectabile — 64
华北八宝 Hylotelephium tatarinowii — 65
瓦松属 Orostachys
瓦松 Orostachys fimbriata — 66
费菜属 Phedimus
费菜 Phedimus aizoon — 67
红景天属 Rhodiola
小丛红景天 Rhodiola dumulosa — 68
红景天 Rhodiola rosea — 69
梅花草属 Parnassia
梅花草 Parnassia palustris — 70
茶藨子属 Ribes
刺果茶藨子 Ribes burejense — 71
龙牙草属 Agrimonia
龙牙草 Agrimonia pilosa — 72
蕨麻属 Argentina
蕨麻 Argentina anserina — 73
蚊子草属 Filipendula
蚊子草 Filipendula palmata — 74
委陵菜属 Potentilla
委陵菜 Potentilla chinensis — 75

金露梅 *Potentilla fruticosa*	76
银露梅 *Potentilla glabra*	77
多茎委陵菜 *Potentilla multicaulis*	78

李属 *Prunus*

榆叶梅 *Prunus triloba*	79

蔷薇属 *Rosa*

美蔷薇 *Rosa bella*	80
山刺玫 *Rosa davurica*	81

地榆属 *Sanguisorba*

地榆 *Sanguisorba officinalis*	82

珍珠梅属 *Sorbaria*

珍珠梅 *Sorbaria sorbifolia*	83

绣线菊属 *Spiraea*

土庄绣线菊 *Spiraea pubescens*	84

黄芪属 *Astragalus*

斜茎黄芪 *Astragalus laxmannii*	85
达乌里黄芪 *Astragalus dahuricus*	86
糙叶黄芪 *Astragalus scaberrimus*	87

锦鸡儿属 *Caragana*

小叶锦鸡儿 *Caragana microphylla*	88

米口袋属 *Gueldenstaedtia*

米口袋 *Gueldenstaedtia verna*	89

胡枝子属 *Lespedeza*

胡枝子 *Lespedeza bicolor*	90

草木樨属 *Melilotus*

白香草木樨 *Melilotus albus*	91
黄香草木樨 *Melilotus officinalis*	92

苜蓿属 *Medicago*

花苜蓿 *Medicago ruthenica*	93
苜蓿 *Medicago sativa*	94

棘豆属 *Oxytropis*

二色棘豆 *Oxytropis bicolor*	95
蓝花棘豆 *Oxytropis coerulea*	96
砂珍棘豆 *Oxytropis racemosa*	97

野决明属 *Thermopsis*

披针叶野决明 *Thermopsis lanceolata*	98

车轴草属 *Trifolium*

野火球 *Trifolium lupinaster*	99

野豌豆属 *Vicia*

广布野豌豆 *Vicia cracca*	100
大叶野豌豆 *Vicia pseudo-orobus*	101
歪头菜 *Vicia unijuga*	102

牻牛儿苗属 *Erodium*

芹叶牻牛儿苗 *Erodium cicutarium*	103
牻牛儿苗 *Erodium stephanianum*	104

老鹳草属 *Geranium*

粗根老鹳草 *Geranium dahuricum*	105
草地老鹳草 *Geranium pratense*	106
鼠掌老鹳草 *Geranium sibiricum*	107
老鹳草 *Geranium wilfordii*	108
灰背老鹳草 *Geranium wlassovianum*	109

凤仙花属 *Impatiens*

水金凤 *Impatiens noli-tangere*	110

大戟属 *Euphorbia*

乳浆大戟 *Euphorbia esula*	111

卫矛属 *Euonymus*

白杜 *Euonymus maackii*	112

蜀葵属 *Alcea*

蜀葵 *Alcea rosea*	113

锦葵属 *Malva*

锦葵 *Malva cathayensis*	114

狼毒属 *Stellera*

狼毒 *Stellera chamaejasme*	115

沙棘属 *Hippophae*

沙棘 *Hippophae rhamnoides*	116

堇菜属 *Viola*

紫花地丁 *Viola philippica*	117

千屈菜属 *Lythrum*

千屈菜 *Lythrum salicaria*	118

柳兰属 *Chamerion*

柳兰 *Chamerion angustifolium*	119

杉叶藻属 *Hippuris*

杉叶藻 *Hippuris vulgaris*	120

山茱萸属 Cornus		花锚属 Halenia	
沙梾 Cornus bretschneideri	121	花锚 Halenia corniculata	142
峨参属 Anthriscus		荇菜属 Nymphoides	
峨参 Anthriscus sylvestris	122	荇菜 Nymphoides peltata	143
柴胡属 Bupleurum		拉拉藤属 Galium	
北柴胡 Bupleurum chinensis	123	蓬子菜 Galium verum	144
红柴胡 Bupleurum scorzonerifolium	124	花荵属 Polemonium	
黑柴胡 Bupleurum smithii	125	花荵 Polemonium caeruleum	145
葛缕子属 Carum		打碗花属 Calystegia	
葛缕子 Carum carvi	126	打碗花 Calystegia hederacea	146
蛇床属 Cnidium		旋花属 Convolvulus	
蛇床 Cnidium monnieri	127	田旋花 Convolvulus arvensis	147
独活属 Heracleum		番薯属 Ipomoea	
独活 Heracleum hemsleyanum	128	圆叶牵牛 Ipomoea purpurea	148
短毛独活 Heracleum moellendorffii	129	琉璃草属 Cynoglossum	
防风属 Saposhnikovia		大果琉璃草 Cynoglossum divaricatum	149
防风 Saposhnikovia divaricata	130	勿忘草属 Myosotis	
泽芹属 Sium		勿忘草 Myosotis alpestris	150
泽芹 Sium suave	131	水棘针属 Amethystea	
窃衣属 Torilis		水棘针 Amethystea caerulea	151
小窃衣 Torilis japonica	132	青兰属 Dracocephalum	
杜鹃花属 Rhododendron		毛建草 Dracocephalum rupestre	152
迎红杜鹃 Rhododendron mucronulatum	133	香薷属 Elsholtzia	
点地梅属 Androsace		密花香薷 Elsholtzia densa	153
白花点地梅 Androsace incana	134	益母草属 Leonurus	
报春花属 Primula		益母草 Leonurus japonicus	154
粉报春 Primula farinosa	135	细叶益母草 Leonurus sibiricus	155
胭脂花 Primula maximowiczii	136	薄荷属 Mentha	
补血草属 Limonium		薄荷 Mentha canadensis	156
二色补血草 Limonium bicolor	137	荆芥属 Nepeta	
丁香属 Syringa		康藏荆芥 Nepeta prattii	157
紫丁香 Syringa oblata	138	多裂叶荆芥 Nepeta multifida	158
扁蕾属 Gentianopsis		糙苏属 Phlomoides	
扁蕾 Gentianopsis barbata	139	串铃草 Phlomoides mongolica	159
龙胆属 Gentiana		黄芩属 Scutellaria	
达乌里秦艽 Gentiana dahurica	140	黄芩 Scutellaria baicalensis	160
秦艽 Gentiana macrophylla	141	并头黄芩 Scutellaria scordifolia	161

百里香属 *Thymus*
百里香 *Thymus mongolicus* — 162

天仙子属 *Hyoscyamus*
天仙子 *Hyoscyamus niger* — 163

柳穿鱼属 *Linaria*
柳穿鱼 *Linaria vulgaris* subsp. *chinensis* — 164

马先蒿属 *Pedicularis*
穗花马先蒿 *Pedicularis spicata* — 165
红纹马先蒿 *Pedicularis striata* — 166
万叶马先蒿 *Pedicularis myriophylla* — 167

穗花属 *Pseudolysimachion*
兔儿尾苗 *Pseudolysimachion longifolium* — 168
无柄穗花 *Pseudolysimachion rotundum* — 169
大穗花 *Pseudolysimachion dauricum* — 170

地黄属 *Rehmannia*
地黄 *Rehmannia glutinosa* — 171

腹水草属 *Veronicastrum*
草本威灵仙 *Veronicastrum sibiricum* — 172

角蒿属 *Incarvillea*
角蒿 *Incarvillea sinensis* — 173

列当属 *Orobanche*
列当 *Orobanche coerulescens* — 174
黄花列当 *Orobanche pycnostachya* — 175

车前属 *Plantago*
平车前 *Plantago depressa* — 176
大车前 *Plantago major* — 177

忍冬属 *Lonicera*
蓝叶忍冬 *Lonicera korolkowii* — 178

败酱属 *Patrinia*
异叶败酱 *Patrinia heterophylla* — 179
少蕊败酱 *Patrinia monandra* — 180
糙叶败酱 *Patrinia scabra* — 181

缬草属 *Valeriana*
缬草 *Valeriana officinalis* — 182

蓝盆花属 *Scabiosa*
华北蓝盆花 *Scabiosa comosa* — 183

沙参属 *Adenophora*
北方沙参 *Adenophora gmelinii* — 184
石沙参 *Adenophora polyantha* — 185
长柱沙参 *Adenophora stenanthina* — 186

风铃草属 *Campanula*
紫斑风铃草 *Campanula punctata* — 187

桔梗属 *Platycodon*
桔梗 *Platycodon grandiflorus* — 188

蓍属 *Achillea*
亚洲蓍 *Achillea asiatica* — 189
蓍 *Achillea millefolium* — 190

蒿属 *Artemisia*
黄花蒿 *Artemisia annua* — 191
艾 *Artemisia argyi* — 192
青蒿 *Artemisia caruifolia* — 193
蒙古蒿 *Artemisia mongolica* — 194
猪毛蒿 *Artemisia scoparia* — 195
大籽蒿 *Artemisia sieversiana* — 196

紫菀属 *Aster*
高山紫菀 *Aster alpinus* — 197
阿尔泰狗娃花 *Aster altaicus* — 198
马兰 *Aster indicus* — 199
山马兰 *Aster lautureanus* — 200
缘毛紫菀 *Aster souliei* — 201
紫菀 *Aster tataricus* — 202

联毛紫菀属 *Symphyotrichum*
联毛紫菀 *Symphyotrichum novi-belgii* — 203

翠菊属 *Callistephus*
翠菊 *Callistephus chinensis* — 204

飞廉属 *Carduus*
丝毛飞廉 *Carduus crispus* — 205
飞廉 *Carduus nutans* — 206

菊属 *Chrysanthemum*
小红菊 *Chrysanthemum chanetii* — 207
楔叶菊 *Chrysanthemum naktongense* — 208
小山菊 *Chrysanthemum oreastrum* — 209

蓟属 Cirsium
刺儿菜 Cirsium arvense var. integrifolium 210
莲座蓟 Cirsium esculentum 211
野蓟 Cirsium maackii 212
烟管蓟 Cirsium pendulum 213
牛口刺 Cirsium shansiense 214
葵花大蓟 Cirsium souliei 215
绒背蓟 Cirsium vlassovianum 216
秋英属 Cosmos
秋英 Cosmos bipinnatus 217
蓝刺头属 Echinops
蓝刺头 Echinops sphaerocephalus 218
赛菊芋属 Heliopsis
赛菊芋 Heliopsis helianthoides 219
伪泥胡菜属 Serratula
伪泥胡菜 Serratula coronata 220
泥胡菜属 Hemisteptia
泥胡菜 Hemisteptia lyrata 221
猫耳菊属 Hypochaeris
猫耳菊 Hypochaeris ciliata 222
旋覆花属 Inula
欧亚旋覆花 Inula britannica 223
旋覆花 Inula japonica 224
柳叶旋覆花 Inula salicina 225
苦荬菜属 Ixeris
变色苦荬菜 Ixeris chinensis subsp. versicolor 226
苦荬菜 Ixeris polycephala 227
麻花头属 Klasea
麻花头 Klasea centauroides 228
多花麻花头 Klasea centauroides subsp. polycephala 229
莴苣属 Lactuca
乳苣 Lactuca tatarica 230
火绒草属 Leontopodium
火绒草 Leontopodium leontopodioides 231
绢茸火绒草 Leontopodium smithianum 232

滨菊属 Leucanthemum
滨菊 Leucanthemum vulgare 233
橐吾属 Ligularia
蹄叶橐吾 Ligularia fischeri 234
狭苞橐吾 Ligularia intermedia 235
全缘橐吾 Ligularia mongolica 236
猬菊属 Olgaea
火媒草 Olgaea leucophylla 237
猬菊 Olgaea lomonossowii 238
大翅蓟属 Onopordum
大翅蓟 Onopordum acanthium 239
毛连菜属 Picris
毛连菜 Picris hieracioides 240
漏芦属 Rhaponticum
漏芦 Rhaponticum uniflorum 241
风毛菊属 Saussurea
草地风毛菊 Saussurea amara 242
紫苞风毛菊 Saussurea purpurascens 243
碱地风毛菊 Saussurea runcinata 244
苦苣菜属 Sonchus
长裂苦苣菜 Sonchus brachyotus 245
苦苣菜 Sonchus oleraceus 246
山牛蒡属 Synurus
山牛蒡 Synurus deltoides 247
蛇鸦葱属 Scorzonera
桃叶鸦葱 Scorzonera sinensis 248
蒲公英属 Taraxacum
淡红座蒲公英 Taraxacum erythropodium 249
蒲公英 Taraxacum mongolicum 250
白缘蒲公英 Taraxacum platypecidum 251
狗舌草属 Tephroseris
狗舌草 Tephroseris kirilowii 252
苍耳属 Xanthium
苍耳 Xanthium strumarium 253
花蔺属 Butomus
花蔺 Butomus umbellatus 254

葱属 Allium
黄花葱 Allium condensatum	255
硬皮葱 Allium ledebourianum	256
长柱韭 Allium longistylum	257
薤白 Allium macrostemon	258
野韭 Allium ramosum	259
北葱 Allium schoenoprasum	260
山韭 Allium senescens	261
细叶韭 Allium tenuissimum	262
球序韭 Allium thunbergii	263

天门冬属 Asparagus
龙须菜 Asparagus schoberioides	264
曲枝天门冬 Asparagus trichophyllus	265

萱草属 Hemerocallis
黄花菜 Hemerocallis citrina	266
小黄花菜 Hemerocallis minor	267
大苞萱草 Hemerocallis middendorffii	268

百合属 Lilium
渥丹 Lilium concolor	269
卷丹 Lilium lancifolium	270
山丹 Lilium pumilum	271

黄精属 Polygonatum
玉竹 Polygonatum odoratum	272

藜芦属 Veratrum
藜芦 Veratrum nigrum	273
尖被藜芦 Veratrum oxysepalum	274

鸢尾属 Iris
马蔺 Iris lactea	275
粗根鸢尾 Iris tigridia	276

灯芯草属 Juncus
灯芯草 Juncus effusus	277

燕麦属 Avena
野燕麦 Avena fatua	278

拂子茅属 Calamagrostis
拂子茅 Calamagrostis epigeios	279
假苇拂子茅 Calamagrostis pseudophragmites	280

大麦属 Hordeum
短芒大麦草 Hordeum brevisubulatum	281
芒颖大麦草 Hordeum jubatum	282

洽草属 Koeleria
洽草 Koeleria macrantha	283

赖草属 Leymus
羊草 Leymus chinensis	284

狼尾草属 Pennisetum
白草 Pennisetum flaccidum	285

芦苇属 Phragmites
芦苇 Phragmites australis	286

早熟禾属 Poa
草地早熟禾 Poa pratensis	287

碱茅属 Puccinellia
碱茅 Puccinellia distans	288

狗尾草属 Setaria
金色狗尾草 Setaria pumila	289

针茅属 Stipa
针茅 Stipa capillata	290
大针茅 Stipa grandis	291

香蒲属 Typha
水烛 Typha angustifolia	292
香蒲 Typha orientalis	293

三棱草属 Bolboschoenus
扁秆荆三棱 Bolboschoenus planiculmis	294

水葱属 Schoenoplectus
水葱 Schoenoplectus tabernaemontani	295

手参属 Gymnadenia
手参 Gymnadenia conopsea	296

绶草属 Spiranthes
绶草 Spiranthes sinensisi	297

索引
中文名索引	298
学名索引	301

木贼科 Equisetaceae | 1

问荆
Equisetum arvense L.

木贼科 Equisetaceae
木贼属 *Equisetum*

别名：公母草、接骨草、空心草

特征：多年生草本。高5~35厘米，小型或中型蕨类。根茎斜升，直立或横走，黑棕色，节和根密生黄棕色长毛或光滑无毛。地上枝当年枯萎，枝二型；能育枝春季先萌发，黄棕色，无轮茎分枝，脊不明显，密布纵沟，鞘筒栗棕色或淡黄色，鞘齿9~12枚，栗棕色，鞘背仅上部有一浅纵沟，孢子散后能育枝枯萎；不育枝后萌发，高达40厘米，鞘筒狭长，绿色，鞘齿三角形，5~6枚，中间黑棕色，边缘膜质，淡棕色，宿存。孢子囊穗圆柱形，顶端钝，成熟时柄伸长。

生境：生于路旁、山坡、田边、沟渠旁及杂草丛中。

用途：全草入药，具有利尿、降压、保肝、降血脂的功效。

节节草

Equisetum ramosissimum Desf.

| 木贼科 Equisetaceae
| 木贼属 *Equisetum*

别名：竹节菜、竹节花
特征：多年生草本。中小型植物。根茎直立，横走或斜升，黑棕色，节和根疏生黄棕色长毛或光滑无毛。枝一型，高20~60厘米，中部节间长2~6厘米，绿色；主枝有脊5~14条，脊的背部弧形，有一行小瘤或有浅色小横纹；鞘筒狭长达1厘米，下部灰绿色，上部灰棕色；鞘齿5~12枚，三角形，边缘膜质；侧枝较硬，圆柱状，有脊5~8条；鞘齿5~8个，披针形，革质但边缘膜质，宿存。孢子囊穗短棒状或椭圆形，顶端有小尖突，无柄。
生境：生于路边、山坡草丛、溪边沼泽、河滩潮湿地等。
用途：全草入药，具有清热、利尿、明目退翳、祛痰止咳的功效。

水蕨
Ceratopteris thalictroides (L.) Brongn.

凤尾蕨科 Pteridaceae
水蕨属 *Ceratopteris*

别名：龙须菜、龙牙草、水芹菜

特征：一年生水生草本。高可达70厘米。根状茎短而直立。叶簇生，二型；不育叶的柄长3～40厘米，粗10～13厘米，绿色，圆柱形，肉质，光滑无毛，叶片直立或幼时漂浮，狭长圆形，二至四回羽状深裂，裂片5～8对，互生，斜展；能育叶叶片长圆形或卵状三角形，二三回羽状深裂，羽片3～8对，互生，斜展，具柄，下部1～2对羽片最大，裂片狭线形，渐尖头，角果状，边缘薄而透明，无色，强度反卷达于主脉。孢子囊沿能育叶的裂片主脉两侧的网眼着生，稀疏，棕色，幼时为连续不断的反卷叶缘所覆盖；孢子四面体形，外层具肋条状纹饰。

生境：生于池沼、水田或水沟的淤泥中。

用途：全草入药，具有明目、镇咳、化痰的功效。

中华蹄盖蕨
Athyrium sinense Rupr.

蹄盖蕨科 Athyriaceae
蹄盖蕨属 *Athyrium*

特征： 多年生草本。根状茎短，直立，先端和叶柄基部密被深褐色卵状披针形或披针形的鳞片。叶簇生；能育叶长35～92厘米；叶柄长10～26厘米，基部直径1.5～2毫米；叶片长圆状披针形，长25～65厘米，宽15～25厘米，二回羽状；羽片约15对；叶干后草质，浅褐绿色；叶轴和羽轴下面禾秆色，疏被小鳞片和卷曲的棘头状短腺毛。孢子囊群多为长圆形，少有弯钩形或马蹄形，每小羽片6～7对；在主脉两侧各排成一行；囊群盖同形，浅褐色，膜质，边缘啮蚀状，宿存；孢子黄褐色，周壁表面无褶皱。

生境： 生于山坡、草丛、林下。

用途： 根状茎可入药，具有清热、解毒、杀虫的功效。

岩蕨
Woodsia ilvensis (L.) R. Br.

岩蕨科 Woodsiaceae
岩蕨属 *Woodsia*

特征：多年生岩生植物。植株高 12~17 厘米，根状茎短而直立或斜出，与叶柄基部密被鳞片；鳞片阔披针形，先端长渐尖并为纤维状，膜质，全缘。叶密集簇生；柄长 3~7 厘米，基部以上被长节状毛及线状披针形小鳞片；叶片披针形，长 8~11 厘米，中部宽 1.3~2 厘米，二回羽裂；羽片 10~20 对，无柄，互生或下部的对生，斜展，下部的彼此远离，下侧楔形，羽状深裂；裂片 3~5 对，基部一对最大；叶脉不明显，在裂片上为多回二歧分枝；叶草质，两面均被节状长毛，沿叶轴及羽轴被棕色线形小鳞片及节状长毛。孢子囊群圆形；囊群盖碟形，边缘具长睫毛。

生境：生于岩石上。

百蕊草
Thesium chinense Turcz.

檀香科 Santalaceae
百蕊草属 Thesium

别名：百乳草、小草

特征：多年生柔弱草本。高15~40厘米，全株多少被白粉，无毛。茎细长，簇生，基部以上疏分枝，有纵沟；叶线形，长1.5~3.5厘米，宽0.5~1.5毫米。花单一，5数，腋生；花梗短或很短，苞片1枚，线状披针形。坚果椭圆形或近球形，淡绿色，表面有明显隆起的网脉，顶端的宿存花被近球形，长约2毫米；果柄长3.5毫米。花期4~5月，果期6~7月。

生境：生于荫蔽湿润或潮湿的小溪边、田野、草甸湿地。

用途：用于肠炎、肺脓肿、扁桃体炎、急性膀胱炎的治疗；并作利尿剂，同时具有清热解毒、解暑的功效。

西伯利亚蓼
Knorringia sibirica (Laxmann) Tzvelev

蓼科 Polygonaceae
西伯利亚蓼属 *Knorringia*

别名：剪刀股

特征：多年生草本。高10～25厘米。根状茎细长；茎外倾或近直立，自基部分枝，无毛。叶片长椭圆形或披针形，长5～13厘米，无毛，顶端急尖或钝，基部戟形或楔形；托叶鞘筒状，膜质，上部偏斜，开裂，无毛，易破裂。花序圆锥状，顶生；苞片漏斗状，无毛，通常每1苞片内具4～6朵花；花梗短，中上部具关节；花被5深裂，黄绿色，花被片长圆形；雄蕊7～8，稍短于花被。瘦果卵形，具3棱，黑色，有光泽。花果期6～9月。

生境：生于路边、湖边、河滩、山谷湿地、沙质盐碱地。

用途：全草可入药，具有疏风清热、利水消肿的功效。

叉分蓼

Koenigia divaricata (L.) T. M. Schust. & Reveal

蓼科 Polygonaceae
冰岛蓼属 *Koenigia*

别名：分叉蓼、叉分神血宁

特征：多年生草本。茎直立，高70~120厘米，无毛，自基部分枝，分枝呈叉状，开展，植株外形呈球形。叶披针形或长圆形，顶端急尖，基部楔形或狭楔形，边缘通常具短缘毛；叶柄长约0.5厘米；托叶鞘膜质，偏斜，疏生柔毛或无毛，开裂，脱落。花序圆锥状，分枝开展；苞片卵形，边缘膜质，背部具脉，每苞片内具2~3花；花梗与苞片近等长，顶部具关节；花被5深裂，白色，花被片椭圆形；雄蕊7~8；花柱3。瘦果具3锐棱，黄褐色，有光泽。花期7~8月；果期8~9月。

生境：生于山坡、草地、山谷灌丛。

用途：全草入药，用于大小肠积热、瘿瘤、热泻腹痛的治疗。

酸模叶蓼

Persicaria lapathifolia (L.) S. F. Gray

蓼科 Polygonaceae
蓼属 *Persicaria*

别名：大马蓼、旱苗蓼
特征：一年生草本。高可达1米。茎直立，无毛，节部膨大。叶片披针形或宽披针形，顶端渐尖或急尖，基部楔形，上面绿色，常有一个大的黑褐色新月形斑点，叶柄短；托叶鞘筒状，膜质，淡褐色，无毛。总状花序呈穗状，顶生或腋生，花紧密，花序梗被腺体；苞片漏斗状，被淡红色或白色；花被片椭圆形。瘦果宽卵形，黑褐色，有光泽。花期6~8月；果期7~9月。
生境：生于田地边、沙地及路边荒芜湿地。
用途：全草入药，具有解毒、健脾、化湿、活血的功效。

萹蓄

Polygonum aviculare L.

蓼科 Polygonaceae
萹蓄属 *Polygonum*

别名：扁竹

特征：一年生草本。高10~40厘米。茎平卧、上升或直立，自基部多分枝，具纵棱。叶椭圆形、狭椭圆形或披针形，长1~4厘米，宽3~12毫米，顶端钝圆或急尖，基部楔形，边缘全缘，两面无毛，下面侧脉明显；叶柄短或近无柄，基部具关节；托叶鞘膜质，下部褐色，上部白色，撕裂脉明显。花单生或数朵簇生于叶腋，遍布于植株。瘦果卵形，黑褐色，无光泽。花期5~7月；果期6~8月。

生境：生于荒地、田边路、沟边湿地。

用途：幼苗及嫩茎叶可食用，可当饲料；全草入药，具有通经利尿、清热解毒的功效。

拳参

Polygonum bistorta L.

蓼科 Polygonaceae
萹蓄属 *Polygonum*

别名： 拳蓼、倒根草

特征： 多年生草本。高50～90厘米。根茎肥厚扭曲，外皮紫红色；茎直立，单一或数茎丛生，不分枝。根生叶丛生，有长柄；叶片椭圆形至卵状披针形，基部心形或圆形；茎生叶较小，近乎无柄，叶片披针形至线形；托叶鞘膜质，管状。总状花序呈穗状，顶生，长4～9厘米，直径0.8～1.2厘米，紧密；苞片卵形，顶端渐尖，淡褐色，每苞片内含3～4朵花；花梗细弱，比苞片长；花被5深裂，白色或淡红色。瘦果椭圆形，两端尖，有光泽。花期6～7月；果期8～9月。

生境： 生于山坡草地、山顶草甸。

用途： 根茎入药，具有清热解毒、消肿、止血的功效。

波叶大黄

Rheum rhabarbarum L.

蓼科 Polygonaceae
大黄属 Rheum

别名： 华北大黄、长叶波叶大黄

特征： 多年生草本植物。高可达1.5米。茎粗壮，光滑无毛。基生叶大，叶片三角状卵形或近卵形，基部心形，边缘具强皱波，叶上面深绿色，下面浅绿色；叶柄粗壮。花序大，圆锥状，花白绿色，花梗关节位于下部；花被片不开展，花柱较短，向外反曲，柱头膨大，较平坦。果实三角状卵形到近卵形；种子卵形。花期6月；果期7月以后。

生境： 生于山坡、石隙、湿地草原。

用途： 根及根茎入药，用于热结便秘、汤火伤、痈肿疔毒、跌打瘀痛、口疮糜烂、湿热黄疸的治疗。

蓼科 Polygonaceae

巴天酸模
Rumex patientia L.

蓼科 Polygonaceae
酸模属 *Rumex*

别名：洋铁叶、洋铁酸模、牛舌头棵
特征：多年生草本。根肥厚，直径可达3厘米。茎直立，粗壮，高90~150厘米。基生叶长圆形或长圆状披针形，顶端急尖，基部圆形或近心形，边缘波状，叶柄粗壮；茎上部叶披针形，较小，具短叶柄或近无柄；托叶鞘筒状，膜质，易破裂。花序圆锥状，大型；花两性；花梗细弱，中下部具关节；关节果时稍膨大，外花被片长圆形，内花被片果时增大，宽心形，具网脉，全部或一部分具小瘤；小瘤长卵形，通常不能全部发育。瘦果卵形，褐色，有光泽。花期5~6月；果期6~7月。
生境：生于沟边湿地、水边。
用途：根、叶入药，具有清热解毒、活血散瘀、止血、润肠的功效。

老牛筋
Arenaria juncea M. Bieberstein

石竹科 Caryophyllaceae
无心菜属 *Arenaria*

别名：灯心草蚤缀、毛轴鹅不食、小无心菜
特征：多年生旱生草本。高20~50厘米。直根粗壮，褐色。茎直立，基部包被黄褐色老叶残余物。基生叶丛生；茎生叶与基生叶同形而较短。二歧聚伞花序顶生；苞片和花梗密被腺毛；萼片5；花瓣5；雄蕊10；花柱3。蒴果与萼片近等长，6瓣裂；种子卵形，黑褐色，表面具小疣状突起。花果期6~9月。
生境：生于石质山坡、平坦草原等。
用途：根部入药，用于虚劳肌热、肺热咳嗽、痈肿骨蒸盗汗、疳积发热的治疗。

卷耳

Cerastium arvense subsp. *strictum* Gaudin

石竹科 Caryophyllaceae
卷耳属 *Cerastium*

别名： 细叶卷耳、狭叶卷耳

特征： 多年生疏丛草本。高10~35厘米。茎基部匍匐，上部直立，混生腺毛，下部被下向的毛。叶片线状披针形或长圆状披针形，长1~2.5厘米，宽1.5~4毫米，基部楔形，抱茎，被疏长柔毛。聚伞花序顶生，具3~7花；苞片披针形，草质，边缘膜质；花梗细，长1~1.5厘米，密被白色腺柔毛；萼片5，披针形，长约6毫米；花瓣5，白色，倒卵形，顶端2裂深达1/4~1/3；雄蕊10，短于花瓣；花柱5。蒴果长圆形，长于宿存萼1/3，顶端倾斜，10齿裂。花期5~8月；果期7~9月。

生境： 生于高山草地、林缘或丘陵区。

用途： 具有清热解表、降压、解毒的功效。

瞿麦

Dianthus superbus L.

石竹科 Caryophyllaceae
石竹属 *Dianthus*

别名：高山瞿麦

特征：多年生草本。高50~60厘米。茎丛生，直立，绿色。叶片线状披针形，中脉特显，绿色，有时带粉绿色；叶对生，多皱缩；茎圆柱形，表面淡绿色或黄绿色，节明显，略膨大，断面中空；枝端具花及果实。花萼筒状，苞片4~6；花瓣棕紫色或棕黄色；雄蕊和花柱微外露。蒴果圆筒形，顶端4裂；种子扁卵圆形，黑色，有光泽。花期6~9月；果期8~10月。

生境：生于山坡、草地、路旁或林下。

用途：全草入药，具有清热、利尿、破血通经的功效。

石竹科 Caryophyllaceae | 17

草原石头花
Gypsophila davurica Turcz. ex Fenzl

石竹科 Caryophyllaceae
石头花属 *Gypsophila*

别名： 草原霞草、北丝石竹

特征： 多年生草本。高50~80厘米。根粗壮，木质。茎数个丛生，上部分枝。叶片线状披针形，长3~6厘米，宽3~7毫米，下面中脉较明显。聚伞花序稍疏散；花梗长4~10毫米；苞片披针形；花萼钟形，长3~4毫米，顶端5裂至1/3~1/2，萼齿卵状三角形，急尖，边缘白色，宽膜质，脉5条，绿色，达齿端；花瓣淡粉红色或近白色，倒卵状长圆形，顶端微凹或截形，基部稍狭，长为花萼的2倍；雄蕊比花瓣短。蒴果卵球形；种子圆肾形。花期6~9月；果期7~10月。

生境： 生于丘陵顶部、石砾质干山坡、干草原。

用途： 根可供药用，含皂苷，又可作肥皂代用品。

圆锥石头花

Gypsophila paniculata Linn.

石竹科 Caryophyllaceae
石头花属 *Gypsophila*

别名：满天星、锥花丝石竹

特征：多年生草本。高30～80厘米。根粗壮。茎单生，稀数个丛生，直立，多分枝，无毛或下部被腺毛。叶片披针形或线状披针形，长2～5厘米，宽2.5～7毫米，顶端渐尖，中脉明显。圆锥状聚伞花序多分枝，疏散，花小而多；花梗纤细，长2～6毫米，无毛；苞片三角形；花萼宽钟形，具紫色宽脉，萼齿卵形，圆钝，膜质；花瓣白色或淡红色，匙形；子房卵球形，花柱细长。蒴果球形，稍长于宿存萼，4瓣裂；种子红褐色，具整齐的钝疣状突起。花期6～8月；果期8～9月。

生境：生于河滩、草地、固定沙丘、石质山坡及农田中。

用途：根、茎可供药用，具有清热利尿、化痰止咳的功效。

石竹科 Caryophyllaceae | 19

山蚂蚱草
Silene jenisseensis Willd.

石竹科 Caryophyllaceae
蝇子草属 *Silene*

别名：旱麦瓶草、叶尼塞蝇子草

特征：多年生草本。高20～50厘米。根粗壮，木质。茎丛生，直立或近直立，不分枝。基生叶狭倒披针形或披针状线形，中脉明显；茎生叶较小，基部微抱茎。假轮伞状圆锥花序或总状花序，花梗长4～18毫米，无毛；苞片卵形或披针形，具缘毛；花萼狭钟形，纵脉绿色；萼齿卵形或卵状三角形，具缘毛；花瓣白色或淡绿色；瓣片叉状2裂达瓣片的中部；副花冠长椭圆状，细小；雄蕊外露，花丝无毛；花柱外露。蒴果卵形；种子肾形灰褐色。花期7～8月；果期8～9月。

生境：生于草原、草坡、林缘或固定沙丘。

用途：根部入药，又名山银柴胡，用于阴虚久疟、潮热、小儿疳热等症的治疗。

蔓茎蝇子草 | 石竹科 Caryophyllaceae
Silene repens Patrin | 蝇子草属 *Silene*

别名：锡林麦瓶草、匍生鹤草、毛萼麦瓶草

特征：多年生草本。高15~50厘米。全株被短柔毛。根状茎细长，分叉。叶长2~7厘米，宽3~12毫米，两面被柔毛，边缘基部具缘毛，中脉明显。总状圆锥花序，小聚伞花序常具1~3花；花梗长3~8毫米；苞片披针形，草质；花萼筒状棒形，11~15毫米，常带紫色，被柔毛，萼齿宽卵形，顶端钝，边缘膜质，具缘毛；花瓣白色，爪倒披针形，无耳，瓣片平展，浅2裂或深达其中部；副花冠片长圆状；雄蕊微外露，花丝无毛。种子肾形，黑褐色。花期6~8月；果期7~9月。

生境：生于林下、湿润草地、溪岸或石质草坡。

用途：全草入药，用于肺结核、疟疾发烧、肠炎、痢疾的治疗。

叉歧繁缕
Stellaria dichotoma L.

石竹科 Caryophyllaceae
繁缕属 *Stellaria*

别名：叉繁缕、双歧繁缕、歧枝繁缕

特征：多年生草本。高15~60厘米。全株呈扁球形，被腺毛。茎丛生，圆柱形，多次二歧分枝，被腺毛或短柔毛。叶片卵形或卵状披针形，长0.5~2厘米，宽3~10毫米，基部圆形或近心形，微抱茎，全缘，两面被腺毛或柔毛。聚伞花序顶生，具多数花；花梗细，长1~2厘米，被柔毛；萼片5，披针形，中脉明显；花瓣5，白色，2深裂至1/3处或中部，裂片近线形；雄蕊10；子房卵形或宽椭圆状倒卵形；花柱3。蒴果宽卵形，6齿裂，含1~5种子。花期5~6月；果期7~8月。

生境：生于林下、湿润草地、溪岸或石质草坡。

用途：根供药用，具有清虚热的功效，用于阴虚发热、疳积发热的治疗。

箐姑草
Stellaria vestita Kurz.

石竹科 Caryophyllaceae
繁缕属 Stellaria

别名：石生繁缕、疏花繁缕、石灰草、抽筋草、筋骨草

特征：多年生草本。高30~90厘米。全株被星状毛。茎疏丛生。叶片卵形或椭圆形，长1~3.5厘米，宽8~20毫米，下面中脉明显。聚伞花序疏散，具长花序梗，密被星状毛；苞片草质，卵状披针形，边缘膜质；花梗细，长短不等，长10~30毫米，密被星状毛；萼片5，披针形，边缘膜质，显灰绿色，具3脉；花瓣5，2深裂近基部；裂片线形；雄蕊10，与花瓣短或近等长；花柱3。蒴果卵萼形，长4~5毫米，6齿裂；种子多数，肾脏形，细扁，脊具疣状突起。花期4~6月；果期6~8月。

生境：生于石滩或石隙中、草坡或林下。

用途：全草入药，具有舒筋活血的功效。

小藜
Chenopodium ficifolium Smith

藜科 Chenopodiaceae
藜属 *Chenopodium*

别名： 小灰菜、灰条菜、灰灰菜

特征： 一年生草本。高20～50厘米。茎直立，具条棱及绿色色条。叶片卵状矩圆形，通常3浅裂。花两性，数个团集，排列于上部的枝上形成较开展的顶生圆锥状花序；花被近球形，5深裂，背面具微纵隆脊并有密粉；雄蕊5，开花时外伸；柱头2，丝形。胞果包在花被内，果皮与种子贴生；种子双凸镜状，黑色，有光泽；胚环形。花期4～6月；果期5～7月。

生境： 生于河岸、荒地、道旁、垃圾堆等处。

用途： 全草入药，具有祛湿解毒、解热、缓泻的功效。

碱蓬

Suaeda glauca (Bunge) Bunge

藜科 Chenopodiaceae
碱蓬属 *Suaeda*

别名：海英菜、碱蒿、盐蒿

特征：一年生草本。高可达1米。茎直立，粗壮，圆柱状，浅绿色，有条棱，上部多分枝。枝细长。叶丝状条形，半圆柱状，灰绿色。花两性兼有雌性，单生或2～5朵团集，大多着生于叶的近基部处；两性花花被杯状，黄绿色；花被裂片卵状三角形，使花被略呈五角星状，干后变黑色；雄蕊5，花药宽卵形至矩圆形；柱头2，黑褐色，稍外弯。胞果包在花被内，果皮膜质；种子横生或斜生，双凸镜形，黑色，表面具清晰的颗粒状点纹。花果期7～9月。

生境：生于海滨、渠岸、田边、荒地等含盐碱的土壤上。

用途：种子油具有防止血栓形成、抗动脉粥样硬化、抗肿瘤、抗氧化等功效。

苋科 Amaranthaceae

反枝苋
Amaranthus retroflexus L.

苋科 Amaranthaceae
苋属 *Amaranthus*

别名：野苋菜、苋菜、西风谷
特征：一年生草本。最高达1米。茎直立，粗壮，单一或分枝，淡绿色，有密生短柔毛。叶片菱状卵形或椭圆状卵形，全缘或波状缘，两面及边缘有柔毛，下面毛较密；叶柄淡绿色。圆锥花序粗壮；苞片及小苞片钻形，背面有1龙骨状突起，伸出顶端成白色尖芒；花被片矩圆形或矩圆状倒卵形，白色；柱头3，有时2。胞果扁卵形，薄膜质，淡绿色，包裹在宿存花被片内；种子近球形，棕色或黑色。花期7~8月；果期8~9月。
生境：生在田园内、农地旁或草地上，有时生在瓦房上。
用途：全草药用，用于腹泻、痢疾、痔疮肿痛出血等症的治疗。

皱果苋
Amaranthus viridis L.

苋科 Amaranthaceae
苋属 *Amaranthus*

别名：绿苋

特征：一年生草本。高40~80厘米，全体无毛。茎直立，稍有分枝，绿色或带紫色。叶片卵形、卵状矩圆形或卵状椭圆形，长3~9厘米，宽2.5~6厘米，顶端尖凹或凹缺，有1芒尖，基部宽楔形或近截形；叶柄长3~6厘米。圆锥花序顶生，长6~12厘米，宽1.5~3厘米，有分枝，由穗状花序形成，圆柱形，细长，直立，顶生花穗比侧生者长；总花梗长2~2.5厘米；苞片及小苞片披针形，顶端具突尖；花被片内曲，背部有1绿色隆起中脉；柱头3或2。胞果扁球形，绿色，不裂，极皱缩，超出花被片；种子具薄且锐的环状边缘。花期6~8月；果期8~10月。

生境：生于林下、湿润草地、溪岸、石质草坡或田野间。

用途：全草入药，具有清热解毒、利尿止痛的功效。

珍珠柴
Caroxylon passerinum (Bunge) Akhani & Roalson

苋科 Amaranthaceae
珍珠柴属 *Caroxylon*

别名：珍珠、珍珠猪毛菜

特征：一年生草本。高20~100cm。茎自基部分枝，茎、枝绿色，有白色或紫红色条纹。叶片丝状圆柱形，生短硬毛，顶端有刺状尖。花序穗状，生枝条上部；苞片卵形；小苞片狭披针形，顶端有刺状尖；花被片卵状披针形，膜质，顶端尖，果时变硬，自背面中上部生鸡冠状突起；花被片在突起以上部分，近革质，顶端为膜质，向中央折曲成平面，紧贴果实，有时在中央聚集成小圆锥体；柱头丝状，长为花柱的1.5~2倍。种子横生或斜生。花期7~9月；果期9~10月。

生境：生于村边、路旁、荒地戈壁滩和含盐碱的沙质湿地上。

用途：全草入药，用于高血压病、头痛、眩晕、肠燥便秘的治疗。

牛扁

Aconitum barbatum var. *puberulum* Ledeb.

毛茛科 Ranunculaceae
乌头属 *Aconitum*

别名：扁桃叶根

特征：多年生草本植物。茎和叶柄均被反曲而紧贴的短柔毛。叶圆肾形，两面有短伏毛，3全裂，中央裂片菱形，二回裂片有窄卵形小裂片。总状花序，密生反曲的短柔毛。果花期8~9月；果期9~10月。

生境：生于山地疏林下或湿地上。

用途：根供药用，用于腰腿痛、关节肿痛等症的治疗。

华北乌头

Aconitum jeholense var. *angustius* (W. T. Wang) Y. Z. Zhao

毛茛科 Ranunculaceae
乌头属 *Aconitum*

别名：北乌头、草乌
特征：多年生草本。株高80~120厘米，分枝，无毛。叶片五角形，3全裂，中央裂片宽菱形，近羽状分裂，小裂片线形。顶生总状花序，萼片紫蓝色，上部萼片风兜状。花期8~9月。
生境：生于山地、草坡。
用途：块根有剧毒，性味辛、苦、热。具有祛风除湿、温经止痛的功效。

北乌头
Aconitum kusnezoffii Reichb.

毛茛科 Ranunculaceae
乌头属 Aconitum

别名：小叶芦、蓝靰鞡花、草乌

特征：多年生草本植物。块根圆锥形或胡萝卜形，长2.5~5厘米，粗7~10厘米。茎高65~150厘米，无毛，等距离生叶，通常分枝。茎下部叶有长柄，在开花时枯萎；茎中部叶有稍长柄或短柄；叶片纸质或近革质，五角形，长9~16厘米，宽10~20厘米，基部心形，3全裂，中央全裂片菱形，渐尖，近羽状分裂，小裂片披针形，侧全裂片斜扇形，不等2深裂，表面疏被短曲毛，背面无毛；叶柄长为叶片的1/3~2/3，无毛。顶生总状花序具9~22朵花；萼片紫蓝色，外面有疏曲柔毛或几无毛，花瓣无毛；种子长约2.5毫米，扁椭圆球形。花期7~9月。

生境：生于阔叶林、林缘灌丛或潮湿山坡草地。

用途：块根有剧毒，具有祛风除湿、温经止痛的功效。

毛茛科 Ranunculaceae | 31

银莲花
Anemone cathayensis Kitag.

毛茛科 Ranunculaceae
银莲花属 *Anemone*

别名： 华北银莲花、毛蕊茛莲花、毛蕊银莲花

特征： 多年生草本。植株高15～40厘米。根状茎长4～6厘米。基生叶4～8，有长柄；叶片圆肾形，长2～5.5厘米，宽4～9厘米，3全裂，全裂片稍覆压，中全裂片有短柄或无柄，宽菱形或菱状倒卵形，3裂近中部，二回裂片浅裂，末回裂片卵形或狭卵形；叶柄长6～30厘米。花葶2～6；苞片约5，无柄，不等大，菱形或倒卵形；伞辐2～5，长2～5厘米，有疏柔毛或无毛；萼片5～10，倒卵形或狭倒卵形，长1～1.8厘米；心皮4～16，无毛。瘦果扁平，宽椭圆形或近圆形，长约5毫米。花期4～7月。

生境： 生于山坡草地、山谷沟边或多石砾坡地。

用途： 花可入药，具有抗肿瘤、抗炎、解热镇痛、镇静、抗惊厥等功效。

小花草玉梅
Anemone rivularis var. *flore-minore* Maxim.

毛茛科 Ranunculaceae
银莲花属 *Anemone*

别名：虎掌草、白花舌头草
特征：多年生草本。植株常粗壮，高42~125厘米。根状茎木质，垂直或稍斜，粗0.8~1.4厘米。基生叶3~5，有长柄；叶片肾状五角形，长1.6~7.5厘米，宽2~14厘米，3全裂，中全裂片宽菱形或菱状卵形，有时宽卵形，宽0.7~7厘米，3深裂，深裂片上部有少数小裂片和牙齿，侧全裂片不等2深裂，两面都有糙伏毛；叶柄长3~22厘米，基部有短鞘。花葶直立，聚伞花序长4~30厘米；萼片5~6片，白色，狭椭圆形或倒卵状狭椭圆形。瘦果狭卵球形，稍扁，长7~8毫米，宿存花柱钩状弯曲。花期5~8月。
生境：生于林下、湿地。
用途：根状茎药用，用于肝炎、筋骨疼痛等症的治疗。

毛茛科 Ranunculaceae | 33

华北耧斗菜
Aquilegia yabeana Kitag.

毛茛科 Ranunculaceae
耧斗菜属 *Aquilegia*

别名： 紫霞耧斗、五铃花、黄花华北耧斗菜

特征： 多年生草本植物。根圆柱形，粗约1.5厘米。茎高40~60厘米，上部分枝。基生叶数枚，有长柄，为一或二回三出复叶；叶片宽约10厘米，小叶菱状倒卵形或宽菱形，长2.5~5厘米，宽2.5~4厘米，3裂，边缘有圆齿，表面无毛，背面疏被短柔毛；叶柄长8~25厘米；茎中部叶有稍长柄，通常为二回三出复叶，宽达20厘米，上部叶小，有短柄，为一回三出复叶。花序有少数花；花下垂；萼片紫色，狭卵形，长1.6~2.6厘米；花瓣紫色，瓣片长1.2~1.5厘米，距长1.7~2厘米，末端钩状内曲；雄蕊长达1.2厘米；心皮5，子房密被短腺毛。花期5~6月。

生境： 生于山地草坡或林边。

用途： 根含糖类，可作饴糖或酿酒的材料。种子含油，可供工业用。

水毛茛

Batrachium bungei (Steud.) L. Liou

毛茛科 Ranunculaceae
水毛茛属 *Batrachium*

特征：多年生沉水草本。茎长30厘米以上。叶有短或长柄；叶片轮廓近半圆形或扇状半圆形，直径2.5~4厘米，三至五回2~3裂，小裂片近丝形，在水外通常收拢或近叉开，无毛或近无毛；叶柄长0.7~2厘米，基部有宽或狭鞘。花直径1~2厘米；花梗长2~5厘米，无毛；萼片反折，卵状椭圆形，长2.5~4毫米，边缘膜质，无毛；花瓣白色，基部黄色，倒卵形；雄蕊10余枚；花托有毛。聚合果卵球形，直径约3.5毫米；瘦果20~40，斜狭倒卵形，有横皱纹。花期5~8月。
生境：生于山谷溪流、河滩积水地、平原湖中或水塘中。
用途：全草入药，具有清热解毒、消肿散结的功效。

芹叶铁线莲

Clematis aethusifolia Turcz.

毛茛科 Ranunculaceae
铁线莲属 *Clematis*

别名：透骨草、断肠草

特征：多年生草质藤本。长0.5~4米。根细长，棕黑色。茎纤细，有纵沟纹。二至三回羽状复叶或羽状细裂，连叶柄长达7~10厘米。聚伞花序腋生，常1~3花；苞片羽状细裂；花钟状下垂；萼片4枚，淡黄色；雄蕊长为萼片之半；花丝扁平；子房扁平，卵形，被短柔毛；花柱被绢状毛。瘦果扁平，宽卵形或圆形，成熟后棕红色，密被白色柔毛。花期7~8月；果期9月。

生境：生于山坡、水沟边及路旁。

用途：全草入药，具有健胃、消食的功效。

棉团铁线莲
Clematis hexapetala Pall.

毛茛科 Ranunculaceae
铁线莲属 *Clematis*

别名：棉花花、野棉花、棉花子花

特征：多年生直立草本。高30～100厘米。茎疏生柔毛，后变无毛。叶片近革质绿色，干后常变黑色，单叶至复叶，一至二回羽状深裂，裂片线状披针形，长椭圆状披针形至椭圆形，或线形，两面或沿叶脉疏生长柔毛或近无毛，网脉突出。花序顶生，聚伞花序或为总状、圆锥状聚伞花序，有时花单生，花直径2.5～5厘米；萼片4～8，通常6；雄蕊无毛。瘦果倒卵形，扁平，密生柔毛，有灰白色长柔毛。花期6～8月；果期7～10月。

生境：生于山坡草地、干山坡或固定沙丘。

用途：茎根入药，具有行气活血、祛风湿、止痛的功效。

长冬草

Clematis hexapetala var. *tchefouensis* (Debeaux) S. Y. Hu

毛茛科 Ranunculaceae
铁线莲属 *Clematis*

别名： 黑老婆秧、黑狗筋、铁扫帚

特征： 多年生直立草本。高30~100厘米。茎疏生柔毛。叶片近革质绿色，干后常变黑色，单叶至复叶，一至二回羽状深裂，裂片线状披针形，长椭圆状披针形至椭圆形或线形，长1.5~10厘米，全缘，两面或沿叶脉疏生长柔毛或近无毛，网脉突出。花序顶生，聚伞花序或为总状、圆锥状聚伞花序；花直径2.5~5厘米，萼片4~8，通常6，白色，长椭圆形或狭倒卵形，长1~2.5厘米，外面密生绵毛，花蕾时像棉花球，内面无毛；雄蕊无毛。瘦果倒卵形，扁平，宿存花柱长1.5~3厘米。花期6~8月；果期7~9月。

生境： 生于山坡草地。

用途： 根可药用，具有解热、镇痛、利尿、通经的功效。

长瓣铁线莲

Clematis macropetala Ledeb.

毛茛科 Ranunculaceae
铁线莲属 Clematis

别名： 大瓣铁线莲、石生长瓣铁线莲

特征： 木质藤本。长约2米。二回三出复叶，小叶片9枚，纸质，卵状披针形或菱状椭圆形，长2~4.5厘米，宽1~2.5厘米，两侧的小叶片边缘有整齐的锯齿或分裂；小叶柄短。花单生于当年生枝顶端，花梗长8~12.5厘米；花萼钟状，直径3~6厘米；萼片4枚，蓝色或淡紫色，狭卵形或卵状披针形，长3~4厘米，宽1~1.5厘米，两面有短柔毛，边缘有密毛；退化雄蕊成花瓣状；雄蕊花丝线形，长1.2厘米，花药黄色。瘦果倒卵形，宿存花柱长4~4.5厘米。花期7月；果期8月。

生境： 生于荒山坡、草坡岩石缝中及林下。

用途： 根可入药，具有解毒、利尿、活血散瘀的功效。

毛茛科 Ranunculaceae | 39

翠雀
Delphinium grandiflorum L.

毛茛科 Ranunculaceae
翠雀属 *Delphinium*

别名：燕草、鸽子花

特征：多年生草本。茎高35～65厘米，与叶柄均被反曲而贴伏的短柔毛，等距地生叶，分枝。基生叶和茎下部叶有长柄；叶片圆五角形，长2.2～6厘米，宽4～8.5厘米，3全裂，中央全裂片近菱形，一至二回三裂近中脉，小裂片线状披针形至线形，边缘干时稍反卷，侧全裂片扇形，不等2深裂近基部，两面疏被短柔毛或近无毛；叶柄长为叶片的3～4倍，基部具短鞘。总状花序有3～15花；下部苞片叶状，其他苞片线形；花梗长1.5～3.8厘米，与轴密被贴伏的白色短柔毛；萼片紫蓝色，椭圆形或宽椭圆形，长1.2～1.8厘米，距钻形，长1.7～2（～2.3）厘米；花瓣蓝色，顶端圆形；蓇葖直，长1.4～1.9厘米。种子倒卵状四面体形，沿棱有翅。花期5～10月。

生境：生于山地草坡或丘陵砂地。

用途：块根药用，具有清热解毒、消肿止痛、利尿等功效。

碱毛茛

Halerpestes sarmentosa (Adams) Komarov & Alissova

毛茛科 Ranunculaceae
碱毛茛属 *Halerpestes*

别名：水葫芦苗

特征：多年生草本。匍匐茎细长，横走。叶多数；叶片纸质，多近圆形，或肾形、宽卵形，边缘有3~11个圆齿，有时3~5裂，无毛；叶柄长2~12厘米，稍有毛。花葶1~4条；苞片线形；花小，直径6~8毫米；萼片绿色，卵形，反折；花瓣5，基部有长约1毫米的爪，爪上端有点状蜜槽。聚合果椭圆球形；瘦果小而极多，斜倒卵形，两面稍膨起，有3~5条纵肋，无毛，喙极短，呈点状。花果期5~9月。

生境：生于湖边或盐碱性沼泽地。

用途：全草入药，具有利水消肿、祛风除湿的功效，用于水肿、关节炎疾病的治疗。

毛茛科 Ranunculaceae | 41

长叶碱毛茛
Halerpestes ruthenica (Jacq.) Ovcz.

毛茛科 Ranunculaceae
碱毛茛属 *Halerpestes*

别名：金戴戴、黄戴戴

特征：多年生草本。匍匐茎长达30厘米。叶簇生；叶片卵状或椭圆状梯形，不分裂，顶端有3~5个圆齿；叶柄长2~14厘米，近无毛，基部有鞘。花葶高10~20厘米，单一或上部分枝，有1~3花，生疏短柔毛；苞片线形；萼片绿色，5枚，卵形；花瓣黄色，6~12枚，倒卵形，基部渐狭成爪少蜜槽点状；花药长约0.5毫米，花丝长约3毫米；花托圆柱形，有柔毛。聚合果卵球形；瘦果紧密排列，斜倒卵形；两面有3~5条分歧的纵肋，喙短而直。花果期5~8月。

生境：生于含水丰富的盐碱地及湿草地上。

用途：全草入药，具有利水消肿、祛风除湿的功效，用于小便不利、风湿痹痛的治疗。

白头翁

Pulsatilla chinensis (Bunge) Regel

毛茛科 Ranunculaceae
白头翁属 Pulsatilla

别名：毫笔花、毛姑朵花、老姑子花、老冠花
特征：多年生草本植物。植株高15~35厘米。根状茎粗0.8~1.5厘米。基生叶4~5，通常在开花时刚刚生出，有长柄；叶片宽卵形，长4.5~14厘米，宽6.5~16厘米，3全裂，中全裂片宽卵形，3深裂，中深裂片楔状倒卵形，侧深裂片不等2浅裂，侧全裂片不等3深裂；叶柄长7~15厘米，有密长柔毛。花葶1(~2)，有柔毛；苞片3，基部合生成长3~10毫米的筒，3深裂；花梗长2.5~5.5厘米，结果时长达23厘米；花直立；萼片蓝紫色，长圆状卵形；雄蕊长约为萼片之半。瘦果纺锤形，扁，长3.5~4毫米，有长柔毛，宿存花柱长3.5~6.5厘米。花期4~5月。
生境：生于平原和低山山坡草丛中、林边、干旱多石的坡地或湿地上。
用途：根茎入药，具有清热解毒、凉血止痢、燥湿杀虫的功效。

毛茛
Ranunculus japonicus Thunb.

毛茛科 Ranunculaceae
毛茛属 *Ranunculus*

别名：鱼疗草、鸭脚板、野芹菜

特征：多年生草本。须根多数簇生。茎直立，高30~70厘米，中空，生开展或贴伏的柔毛。基生叶多数；叶片圆心形或五角形，基部心形或截形；叶柄长达15厘米，生开展柔毛；下部叶与基生叶相似，渐向上叶柄变短，叶片较小，3深裂，裂片披针形；最上部叶线形，全缘，无柄。聚伞花序有多数花，疏散；花梗长达8厘米，贴生柔毛；萼片椭圆形；花瓣5，倒卵状圆形，基部有爪、蜜槽。聚合果近球形；瘦果扁平，无毛。花果期4~9月。

生境：生于田沟旁和林缘路边的湿草地上。

用途：全草含原白头翁素，有毒，是制作发泡剂和杀菌剂的材料。捣碎外敷，可截疟、消肿及治疮癣。

高原毛茛

Ranunculus tanguticus (Maxim.) Ovcz.

毛茛科 Ranunculaceae
毛茛属 *Ranunculus*

别名： 结察

特征： 多年生草本。须根基部稍增厚呈纺锤形。茎高10～30厘米，多分枝，生白柔毛。基生叶多数；叶片圆肾形或倒卵形，长及宽1～4（～6）厘米，三出复叶，小叶片二至三回3全裂或深、中裂，末回裂片披针形至线形，顶端稍尖。上部叶渐小，3～5全裂，裂片线形，有短柄至无柄，基部具生柔毛的膜质宽鞘。花较多，单生于茎顶和分枝顶端，直径8～12（～18）毫米；花梗被白柔毛，在果期伸长；萼片椭圆形；花瓣5，倒卵圆形，基部有窄长爪。聚合果长圆形；瘦果卵球形，较扁，长0.5～1毫米。花果期6～8月。

生境： 生于山坡或沟边沼泽湿地。

用途： 全草入药，具有清热解毒的功效，用于淋巴结核等症的治疗。

唐松草

Thalictrum aquilegiifolium var. *sibiricum* L.

毛茛科 Ranunculaceae
唐松草属 Thalictrum

别名： 土黄连、紫花顿、黑汉子腿

特征： 多年生草本。植株全部无毛，高60～150厘米。茎粗壮，粗达1厘米，分枝。基生叶在开花时枯萎；茎生叶为三至四回三出复叶；叶片长10～30厘米；小叶草质，顶生小叶倒卵形或扁圆形，3浅裂，两面脉平或在背面脉稍隆起；叶柄长4.5～8厘米，有鞘，不裂。圆锥花序伞房状，有多数密集的花；萼片白色或外面带紫色，宽椭圆形，早落；雄蕊多数；花柱短，柱头侧生。瘦果倒卵形，有3条宽纵翅，基部突变狭。花期6～7月；果期7～8月。

生境： 生于湿地草原、山地林边草坡或林中。

用途： 根及根茎入药，具有清热泻火、燥湿解毒的功效。

东亚唐松草

Thalictrum minus var. *hypoleucum* (Sieb. & Zucc.) Miq.

毛茛科 Ranunculaceae
唐松草属 *Thalictrum*

别名：穷汉子腿、小果白蓬草

特征：多年生草本。植株全体无毛。茎高20～66厘米，自下部或中部分枝。基生叶有长柄，为2-3回三出复叶；小叶草质，背面粉绿色；叶柄细，有细纵槽；基部有短鞘，托叶膜质，全缘。复单歧聚伞花序圆锥状；萼片4，白色或淡堇色，倒卵形；花柱短，直或顶端弯曲，沿腹面生柱头组织。瘦果无柄，有6～8条纵肋。花期3～5月；果期9～10月。

生境：生于丘陵、山地林下或湿地草原。

用途：根茎入药，用于湿疹、百日咳、痈疮肿毒、牙痛等的治疗。

瓣蕊唐松草

Thalictrum petaloideum L.

毛茛科 Ranunculaceae
唐松草属 *Thalictrum*

别名： 马尾黄连、多花蔷薇

特征： 多年生草本。茎高20~50厘米，分枝。三至四回三出复叶；小叶倒卵形、近圆形或菱形，3浅裂至3深裂，全缘，脉平或微隆起；上面绿色，下面微带粉白色，有短柄。复单歧聚伞花序伞房状；花梗长0.5~2.8厘米；萼片4，卵形，早落；无花瓣；雄蕊多数，长5~12毫米，花丝倒披针形，比花药宽；花柱短，柱头狭椭圆形。瘦果卵形，纵肋明显。花期6~7月；果期8~9月。

生境： 生于山坡灌丛和林缘草地中。

用途： 根茎入药，清热解毒，用于赤白痢疾、痈肿疮疖、浸淫疮的治疗。

长柄唐松草
Thalictrum przewalskii Maxim.

毛茛科 Ranunculaceae
唐松草属 *Thalictrum*

特征：草本植物。茎高50~120厘米，通常分枝，约有9叶。茎下部叶长达25厘米，为四回三出复叶；小叶薄草质，顶生小叶卵形、菱状椭圆形、倒卵形或近圆形，长1~3厘米，宽0.9~2.5厘米，顶端钝或圆形，基部圆形、浅心形或宽楔形；叶柄长约6厘米，基部具鞘；托叶膜质，半圆形，边缘不规则开裂。圆锥花序多分枝；萼片白色或稍带黄绿色，狭卵形，有3脉，早落；雄蕊多数，花丝白色，上部线状倒披针形，下部丝形；心皮4~9，有子房柄，花柱与子房等长。瘦果扁，斜倒卵形，有4条纵肋，子房柄长0.8~3毫米。花期6~8月。
生境：生于山地灌丛边、林下或湿地草坡上。
用途：花和果可用于肝炎、肝肿大等症的治疗；根具有祛风的功效。

展枝唐松草

Thalictrum squarrosum Stephan ex Willd.

毛茛科 Ranunculaceae
唐松草属 *Thalictrum*

别名： 歧序唐松草、坚唐松草

特征： 多年生草本植物。茎高60～100厘米，有细纵槽。基生叶在开花时枯萎；茎下部及中部叶有短柄，为二至三回羽状复叶；叶片长8～18厘米；顶端急尖，基部楔形至圆形，通常3浅裂，裂片全缘或有2～3个小齿，表面脉常稍下陷，背面有白粉；叶柄长1～4厘米。花序圆锥状，近二歧状分枝；萼片4，淡黄绿色，脱落；雄蕊5～14；柱头箭头状。瘦果狭倒卵球形或近纺锤形，稍斜，有8条粗纵肋。花期7～8月；果期7～9月。

生境： 生于平原湿地、田边或干燥草坡。

用途： 叶含鞣质，可提制栲胶；叶茎可食用。全草可入药，具有清热解毒、健胃、制酸、发汗的功效。

金莲花
Trollius chinensis Bunge | 毛茛科 Ranunculaceae
金莲花属 *Trollius*

别名：阿勒泰金莲花

特征：多年生草本植物。植株全体无毛。须根长达7厘米。茎高30~70厘米，不分枝。基生叶1~4枚，长16~36厘米，有长柄；叶片五角形，长3.8~6.8厘米，宽6.8~12.5厘米；叶柄长12~30厘米，基部具狭鞘。花单独顶生或2~3朵组成稀疏的聚伞花序，直径3.8~5.5厘米；花梗长5~9厘米；萼片6~19片，金黄色；花瓣18~21个，稍长于萼片或与萼片近等长，稀比萼片稍短，狭线形，顶端渐狭，长1.8~2.2厘米，宽1.2~1.5毫米；雄蕊长0.5~1.1厘米；心皮20~30。花期6~7月；果期8~9月。

生境：生于湿地草坡或疏林下。

用途：花入药，用于慢性扁桃体炎的治疗，与菊花和甘草合用，可用于急性中耳炎、急性结膜炎等症的治疗。

芍药科 Paeoniaceae | 51

草芍药
Paeonia obovata Maxim.

芍药科 Paeoniaceae
芍药属 *Paeonia*

别名：山芍药、野芍药

特征：多年生草本。根粗壮，长圆柱形。茎高30～70厘米，无毛，基部生数枚鞘状鳞片。茎下部叶为二回三出复叶；叶片长14～28厘米；顶生小叶倒卵形或宽椭圆形，全缘；茎上部叶为三出复叶或单叶。单花顶生，直径7～10厘米；萼片3～5，淡绿色；花瓣6，白色、红色或紫红色，倒卵形；雄蕊长1～1.2厘米。蓇葖果卵圆形，长2～3厘米，成熟时果皮反卷呈红色。花期5～6月；果期9月。

生境：生于山坡湿地、林缘。

用途：根部入药，用于痛经、闭经、学热吐衄等的治疗。根含淀粉，可供酿酒。种子含脂肪油，可供榨油。

白屈菜

Chelidonium majus L.

罂粟科 Papaveraceae
白屈菜属 *Chelidonium*

别名：山黄连

特征：多年生草本。高30~100厘米。主根粗壮，圆锥形。茎聚伞状多分枝，分枝常被短柔毛，节上较密。基生叶少，早凋落，叶片倒卵状长圆形或宽倒卵形，长8~20厘米，羽状全裂，全裂片2~4对，具不规则的深裂或浅裂，表面绿色，无毛，背面具白粉；叶柄长2~5厘米，基部扩大成鞘；茎生叶叶片长2~8厘米，宽1~5厘米；叶柄长0.5~1.5厘米。伞形花序多花；花梗纤细，长2~8厘米；苞片小，卵形；萼片卵圆形；花瓣倒卵形。蒴果狭圆柱形，长2~5厘米，具通常比果短的柄；种子卵形，具光泽及蜂窝状小格。花果期4~9月。

生境：生于山坡、山谷林缘、湿地或路旁、石缝。

用途：全草入药，具有镇痛、止咳、消肿、利尿、解毒的功效。

罂粟科 Papaveraceae | 53

野罂粟
Papaver nudicaule L.

罂粟科 Papaveraceae
罂粟属 *Papaver*

别名：山大烟、山米壳、野大烟

特征：多年生草本植物。高20~60厘米。主根圆柱形，延长，向下渐狭，或为纺锤状。根茎短，增粗，密盖麦秆色、覆瓦状排列的残枯叶鞘；茎极缩短。叶全部基生，叶片轮廓卵形至披针形，羽状浅裂、深裂或全裂，裂片2~4对，全缘或再次羽状浅裂或深裂。花葶1至数枚，圆柱形，直立，密被或疏被斜展的刚毛；花单生于花葶先端；花蕾宽卵形至近球形；萼片2；花瓣4；雄蕊多数；柱头4~8，辐射状。蒴果狭倒卵形、倒卵形或倒卵状长圆形；种子表面具条纹和蜂窝小孔穴。花果期5~9月。

生境：生于林下、林缘、草坡湿地。

用途：入药具有镇痛止泻的功效。

芸薹

Brassica rapa var. *oleifera* DC.

十字花科 Brassicaceae
芸薹属 *Brassica*

别名：油菜、芸苔

特征：二年生草本。高30~90厘米。直立，基生叶大头羽状深裂，顶裂片圆形或卵形，侧裂片一至数对，卵形；上部茎生叶长圆状倒卵形、长圆形或披针形。总状花序在花期呈伞房状，花鲜黄色，卵形。种子球形，紫褐色。花期3~4月；果期5~6月。

生境：生于田间、河塘边、山坳里。

用途：种子药用，具有行血散结消肿的功效。叶可外敷痈肿。根药用，具有凉血散血、解毒消肿的功效。

白花碎米荠

Cardamine leucantha (Tausch) O. E. Schulz

| 十字花科 Brassicaceae
| 碎米荠属 *Cardamine*

别名: 菜子七

特征: 多年生草本。高30~75厘米。根状茎短而匍匐。基生叶有长叶柄，小叶2~3对，顶生小叶卵形至长卵状披针形，长3.5~5厘米，宽1~2厘米，小叶柄长5~13毫米；茎中部叶有较长的叶柄，通常有小叶2对；茎上部叶有小叶1~2对；全部小叶干后带膜质而半透明，两面均有柔毛。总状花序顶生，花后伸长；花梗细弱；萼片长椭圆形，外面有毛；花瓣白色，长圆状楔形，长5~8毫米；花丝稍扩大；子房有长柔毛，柱头扁球形。长角果线形，长1~2厘米；果瓣散生柔毛；果梗直立开展，长1~2厘米。花期4~7月；果期6~8月。

生境: 生于路边、山坡湿草地、杂木林下及山谷沟边阴湿处。

用途: 全草入药，具有清热解毒、化痰止咳的功效。嫩苗可作野菜食用。

紫花碎米芥

Cardamine tangutorum O. E. Schulz

十字花科 Brassicaceae
碎米荠属 Cardamine

特征：多年生草本。高15~50厘米。根状茎细长呈鞭状，匍匐生长；茎单一，不分枝。基生叶有长叶柄；小叶3~5对，顶生小叶与侧生小叶的形态和大小相似。总状花序有10几朵花，花紫色，花梗长10~15毫米；外轮萼片长圆形。长角果线形，扁平，果梗直立；种子长椭圆，长2.5~3毫米，宽约1毫米，褐色。花期5~7月；果期6~8月。

生境：生于高山山沟草地及林下阴湿处。

用途：全草入药，清热利湿，可用于黄水疮的治疗。花用于筋骨疼痛的治疗。

十字花科 Brassicaceae | 57

毛萼香芥
Clausia trichosepala (Turczaninow) Dvořák

十字花科 Brassicaceae
香芥属 *Clausia*

别名：香花芥

特征：二年生草本。高10～60厘米。茎直立，多为单一，具疏生单硬毛。基生叶在花期枯萎，茎生叶长圆状椭圆形或窄卵形，长2～4厘米，边缘有不等尖锯齿；叶柄长5～10毫米。总状花序顶生；花直径约1厘米；萼片直立，外轮2片条形，内轮2片窄椭圆形，二者顶端皆有少数白色长硬毛；花瓣倒卵形，基部具线形长爪；花柱极短，柱头显著2裂。长角果窄线形，长3.5～8厘米，无毛；果瓣具1显明中脉；果梗水平开展，增粗；种子卵形，浅褐色。花果期5～8月。

生境：生于山坡、湿地。

用途：本种适应性强，花期较长，小花秀雅可爱，为优良观赏草花。

播娘蒿
Descurainia sophia (L.) Webb ex Prantl

十字花科 Brassicaceae
播娘蒿属 *Descurainia*

别名：大蒜芥、米米蒿、麦蒿

特征：一年生草本。高20~80厘米，有毛或无毛，毛为叉状毛。茎直立，分枝多，常于下部成淡紫色。叶为三回羽状深裂，下部叶具柄，上部叶无柄。花序伞房状，果期伸长；萼片直立，早落；花瓣黄色，长圆状倒卵形，具爪；雄蕊6枚。长角果圆筒状，果瓣中脉明显；种子每室1行，稍扁，淡红褐色，表面有细网纹。花果期6~9月。

生境：生于山地草甸、沟谷、村旁及农田。

用途：种子可药用，具有利尿消肿、祛痰定喘的功效。种子含油，可供工业用，也可食用。

十字花科 Brassicaceae | 59

花旗杆
Dontostemon dentatus (Bunge) Lédeb.

十字花科 Brassicaceae
花旗杆属 *Dontostemon*

别名： 花旗竿、齿叶花旗杆、齿叶花旗竿
特征： 二年生草本。高15~50厘米，散生白色弯曲柔毛；茎单一或分枝，基部常带紫色。叶椭圆状披针形，长3~6厘米，宽3~12毫米，两面稍具毛。总状花序生枝顶，结果时长10~20厘米；萼片椭圆形，具白色膜质边缘背面稍被毛；花瓣淡紫色，倒卵形，基部具爪。长角果长圆柱形，光滑无毛，长2.5~6厘米，宿存花柱短，顶端微凹；种子棕色，长椭圆形，具膜质边缘，子叶斜缘倚胚根。花期5~7月；果期7~8月。
生境： 生于石砾质山地、岩石隙间、山坡、林边及路旁。
用途： 用于痰饮、咳喘、脘腹胀满、肺痈的治疗。

葶苈

Draba nemorosa L.

十字花科 Brassicaceae
葶苈属 *Draba*

别名：丁苈、大室

特征：一年或二年生草本。茎直立，高5~45厘米。基生叶莲座状，边缘有疏细齿或近于全缘；茎生叶长卵形或卵形，上面被单毛和叉状毛，下面以星状毛为多。总状花序有花25~90朵，密集成伞房状，花后显著伸长，疏松，萼片椭圆形；花瓣黄色，花期后成白色，倒楔形；雌蕊椭圆形。短角果长圆形或长椭圆形，被短单毛；种子椭圆形，褐色，种皮有小疣。花期3~4月；果期5~6月。

生境：生于草坡湿地、田间、路边。

用途：种子入药，用于咳嗽、胀满等症的治疗。种子含油，可供制皂工业用。

十字花科 Brassicaceae

糖芥
Erysimum amurense Kitagawa

十字花科 Brassicaceae
糖芥属 *Erysimum*

别名：披散糖芥、壁花

特征：一年或二年生草本。高30~60厘米，密生伏贴2叉毛。茎直立，具棱角。叶披针形或长圆状线形，基部渐狭，全缘，两面有2叉毛；叶柄长1.5~2厘米；上部叶有短柄或无柄，基部近抱茎，边缘有波状齿或近全缘。总状花序顶生，有多数花；萼片长圆形，密生2叉毛，边缘白色膜质；花瓣橘黄色，基部具长爪；雄蕊6，近等长。长角果线形，稍呈四棱形；裂瓣具隆起中肋；种子每室1行，长圆形，深红褐色。花期6~8月；果期7~9月。

生境：生于田边、荒地、湿地边。

用途：全草入药，具有健脾和胃、利尿强心的功效。

小花糖芥

Erysimum cheiranthoides L.

十字花科 Brassicaceae
糖芥属 *Erysimum*

别名：桂竹糖芥、野菜子

特征：一年生草本植物。高可达50厘米。茎直立，有棱角。基生叶莲座状，叶柄长7~20毫米；茎生叶披针形或线形，边缘具深波状疏齿或近全缘，两面具3叉毛。总状花序顶生；萼片长圆形或线形；花瓣浅黄色，长圆形。长角果圆柱形，侧扁，稍有棱，柱头头状；果梗粗；种子卵形，淡褐色。花期5月；果期6月。

生境：生于山坡、山谷、路旁、荒地、湿地边。

用途：全草入药，具有强心利尿、健脾胃、消食的功效；也可食用。

白八宝
Hylotelephium pallescens (Freyn) H. Ohba

景天科 Crassulaceae
八宝属 *Hylotelephium*

别名： 白景天、白花景天、长茎景天

特征： 多年生草本。根束生。根状茎短，直立；茎直立，高20~60（~100）厘米。叶互生，有时对生，长圆状卵形或椭圆状披针形，长3~7（~10）厘米，先端圆，基部楔形，几无柄，全缘或上部有不整齐的波状疏锯齿，叶面有多数红褐色斑点。复伞房花序，顶生，分枝密；萼片5，披针状三角形，先端急尖；花瓣5，白色至浅红色，直立，披针状椭圆形，先端急尖；雄蕊10；鳞片5，先端有微缺。蓇葖果直立，披针状椭圆形，基部渐狭，分离，喙短，线形；种子狭长圆形，褐色。花期7~9月；果期8~9月。

生境： 生于河边石砾滩子及林下湿地上。

用途： 全草入药，具有清热解毒、散瘀消肿、止血镇痛的功效。

长药八宝

Hylotelephium spectabile (Bor.) H. Ohba

景天科 Crassulaceae
八宝属 *Hylotelephium*

别名： 八宝景天

特征： 多年生草本。茎直立，高30～70厘米。叶对生，或3叶轮生，卵形至宽卵形，或长圆状卵形，先端急尖、钝，基部渐狭，全缘或多少有波状牙齿。花序大，伞房状，顶生，直径7～11厘米；花密生，萼片5，线状披针形至宽披针形，渐尖；花瓣5，淡紫红色至紫红色，披针形至宽披针形，雄蕊10，花药紫色；鳞片5，长方形，先端有微缺；心皮5，狭椭圆形，花柱长1.2毫米。蓇葖果直立。花期8～9月；果期9～10月。

生境： 生于低山多石山坡上或草甸。

用途： 全草入药，具有清热解毒、镇静止痛的功效。

华北八宝

Hylotelephium tatarinowii (Maxim.) H. Ohba

景天科 Crassulaceae
八宝属 *Hylotelephium*

别名： 华北景天、的确景天

特征： 多年生草本。根块状，常有小型胡萝卜状的根。茎直立或倾斜，多数，高10~15厘米，不分枝，生叶多。叶互生，狭倒披针形至倒披针形，边缘有疏锯齿至浅裂，近有柄。伞房状花序宽3~5厘米；花梗长2~3.5毫米；萼片5，卵状披针形，先端稍急尖；花瓣5，浅红色，卵状披针形，长4~6毫米，宽1.7~2毫米，先端浅尖，雄蕊10，与花瓣稍同长，花丝白色，花药紫色；鳞片5，近正方形，先端有微缺；心皮5，直立，卵状披针形。花期7~8月；果期9月。

生境： 生于山坡石上或草甸。

用途： 全草入药，具有调经、止渴、消炎、解毒的功效。

瓦松

Orostachys fimbriata (Turczaninow) A. Berger

景天科 Crassulaceae
瓦松属 *Orostachys*

别名：流苏瓦松、瓦花、向天草

特征：二年生草本。一年生莲座丛的叶短；莲座叶线形，先端增大，为白色软骨质，半圆形，有齿。二年生花茎一般高10~20厘米；叶互生，疏生，有刺，线形至披针形，长可达3厘米。花序总状，紧密，或下部分枝，可呈宽20厘米的金字塔形；苞片线状渐尖；花梗长达1厘米，萼片5，长圆形，长1~3毫米；花瓣5，红色，披针状椭圆形；雄蕊10，与花瓣同长或稍短，花药紫色；鳞片5，近四方形，长0.3~0.4毫米，先端稍凹。蓇葖果5，长圆形，喙细，长1毫米。花期8~9月；果期9~10月。

生境：生于深山向阳坡面、岩石隙间或草甸上。

用途：全草药用，具有止血、活血、敛疮的功效。

景天科 Crassulaceae | 67

费菜
Phedimus aizoon (L.) 't Hart

景天科 Crassulaceae
费菜属 *Phedimus*

别名： 三七景天、景天三七、养心草

特征： 多年生草本。根状茎短；粗茎高20～50厘米，有1～3条茎，直立，无毛，不分枝。叶互生，狭披针形、椭圆状披针形至卵状倒披针形，边缘有不整齐的锯齿；叶坚实，近革质。聚伞花序有多花，水平分枝，平展，下托以苞叶。萼片5，线形，肉质；花瓣5，黄色，长圆形至椭圆状披针形，有短尖；雄蕊10，较花瓣短；鳞片5，近正方形，心皮5，花柱长钻形。蓇葖果星芒状排列。花期6～7月；果期8～9月。

生境： 生于山坡岩石和草地上。

用途： 全草入药，具有止血散瘀、安神镇痛的功效。

小丛红景天

Rhodiola dumulosa (Franch.) S. H. Fu

景天科 Crassulaceae
红景天属 *Rhodiola*

别名：雾灵景天、凤尾七

特征：多年生草本。根茎粗壮，分枝，地上部分常被有残留的老枝；花茎聚生主轴顶端，直立或弯曲，不分枝。叶互生，线形至宽线形，先端稍急尖，基部无柄，全缘。花序聚伞状，有4~7花；萼片5，线状披针形；花瓣5，白或红色，披针状长圆形，直立，先端渐尖，有较长的短尖，边缘平直，或多少呈流苏状；雄蕊10；鳞片5，先端微缺；心皮5，卵状长圆形，直立；种子长圆形，有微乳头状突起，有狭翅。花期6~7月；果期8月。

生境：生于山坡石上或草甸。

用途：根颈入药，具有补肾、养心安神、调经活血、明目的功效。

红景天
Rhodiola rosea L.

景天科 Crassulaceae
红景天属 *Rhodiola*

别名：东疆红景天

特征：多年生草本。根粗壮，直立。根颈短，先端被鳞片；花茎高20～30厘米。叶疏生，长圆形至椭圆状倒披针形或长圆状宽卵形，先端急尖或渐尖，全缘或上部有少数牙齿，基部稍抱茎。花序伞房状，密集多花；雌雄异株；萼片4，披针状线形，长1毫米，钝；花瓣4，黄绿色，线状倒披针形或长圆形；雄花中雄蕊8；鳞片4，长圆形，上部稍狭，先端有齿状微缺；雌花中心皮4，花柱外弯。蓇葖果披针形或线状披针形，直立，喙长1毫米；种子披针形，长2毫米，一侧有狭翅。花期4～6月；果期7～9月。

生境：生于高寒无污染地带的山坡林下或草坡上。

用途：全株入药，具有补气清肺、益智养心、收涩止血、散瘀消肿的功效。

梅花草

Parnassia palustris L.

虎耳草科 Saxifragaceae
梅花草属 *Parnassia*

别名：苍耳七

特征：多年生草本。高30~50cm。根茎短，近球形。基生叶丛生；叶柄长2.5~6cm；叶片卵圆形至心形，长1~3cm，宽1.5~3.5cm，先端钝圆或锐尖，基部心形，全缘；花茎中部生1无柄叶片，基部抱茎，与基生叶同形。花单生顶端，白色至浅黄色，直径2~3.5cm，形似梅花；萼片5，椭圆形；花瓣5，平展，卵状圆形；雄蕊5；假雄蕊5，上半部11~22丝裂，裂片先端有头状腺体；心皮4，合生；花柱顶端4裂。蒴果，上部4裂。花期7~8月；果期8~9月。

生境：生于潮湿的山坡草地中、沟边或河谷地阴湿处。

用途：全草入药，具有清热凉血、解毒消肿、止咳化痰的功效。

刺果茶藨子

Ribes burejense Fr. Schmidt.

虎耳草科 Saxifragaceae
茶藨子属 *Ribes*

别名：醋栗、酸溜溜、圆醋栗

特征：落叶灌木。高1~2米。老枝较平滑，灰黑色或灰褐色，小枝节间密生长短不等的细针刺。叶宽卵圆形，不育枝上的叶较大，幼时两面被短柔毛，老时渐脱落，下面沿叶脉有时具少数腺毛，掌状3~5深裂；叶柄具柔毛，老时脱落近无毛。花两性，单生于叶腋或2~3朵组成短总状花序；花序具疏柔毛或几无毛，或具疏腺毛；花梗疏生柔毛或近无毛；苞片宽卵圆形，具3脉；花萼浅褐色至红褐色，疏生柔毛或近无毛；萼筒宽钟形，萼片长圆形或匙形，先端圆钝，在花期开展或反折，果期常直立。花期5~6月；果期7~8月。

生境：生于山地针叶林、阔叶林或针、阔叶混交林下及林缘处，也见于山坡灌丛及溪流旁。

用途：茎内皮和果实入药，清热解毒，用于肝炎的治疗。

龙牙草

Agrimonia pilosa Ledeb.

蔷薇科 Rosaceae
龙牙草属 *Agrimonia*

别名：毛脚茵、老鹳嘴、瓜香草

特征：多年生草本。根多呈块茎状，基部常有一至数个地下芽。茎高30～120厘米。叶为间断奇数羽状复叶，通常有小叶3～4对；小叶片无柄或有短柄，长1.5～5厘米，宽1～2.5厘米，顶端急尖至圆钝，基部楔形至宽楔形，边缘有急尖到圆钝锯齿，有显著腺点。花序穗状总状顶生，花序轴被柔毛；苞片通常深3裂，小苞片对生，卵形；花直径6～9毫米；萼片5，三角卵形；花瓣黄色，长圆形；雄蕊5～8～15枚；花柱2。果实倒卵圆锥形，外面有10条肋，顶端有数层钩刺，幼时直立，成熟时靠合，连钩刺长7～8毫米，最宽处直径3～4毫米。花果期5～12月。

生境：生于溪边、路旁、湿地、灌丛、林缘及疏林下。

用途：全草、根及冬芽入药，具有收敛止血、消炎、止痢、解毒、杀虫、益气强心的功效。

蔷薇科 Rosaceae

蕨麻
Argentina anserina (L.) Rydb.

蔷薇科 Rosaceae
蕨麻属 *Argentina*

别名：鹅绒委陵菜、莲花菜、蕨麻委陵菜、延寿草、人参果、无毛蕨麻、灰叶蕨麻

特征：多年生草本。植株呈粗网状平铺在地面上。根纤细，中部或末端膨大呈纺锤形或球形。春、秋季采挖块根。茎长匍匐，节上生不定根，并形成新植株。春季发芽，夏季长出众多紫红色的须茎。叶正面深绿，背后如羽毛，密生白细绵毛。羽状复叶，背面密被灰白色毛。花单生，黄色。瘦果。花果期5~9月。

生境：生于草甸、河漫滩附近。

用途：入药，具有止泻、舒张胃肠道和子宫平滑肌的功效，可用于消化不良、痛经等症的治疗。

蚊子草

Filipendula palmata (Pall.) Maxim.

蔷薇科 Rosaceae
蚊子草属 *Filipendula*

别名： 合叶子

特征： 多年生草本。高60~150厘米。茎有棱。叶为羽状复叶，有小叶2对，顶生小叶特别大，5~9掌状深裂，裂片披针形至菱状披针形，顶端渐狭或三角状渐尖，边缘常有小裂片和尖锐重锯齿，下面密被白色绒毛，侧生小叶较小，3~5裂，裂至小叶1/3~1/2处；托叶大，半心形，边缘有尖锐锯齿。顶生圆锥花序；花小而多，直径5~7毫米；萼片卵形，外面无毛；花瓣白色，倒卵形，有长爪。瘦果半月形，直立。花果期7~9月。

生境： 生于山麓、沟谷、湿地、河岸、林缘及林下。

用途： 类根、茎和叶含鞣质，可供提制栲胶。

蔷薇科 Rosaceae | 75

委陵菜
Potentilla chinensis Ser.

蔷薇科 Rosaceae
委陵菜属 *Potentilla*

别名： 翻白草、白头翁
特征： 多年生草本。花茎直立或上升，高20~70厘米，被稀疏短柔毛及白色绢状长柔毛。基生叶为羽状复叶，有小叶5~15对，叶柄被短柔毛及绢状长柔毛，小叶片对生或互生，边缘羽状中裂，向下反卷，上面绿色，下面白色；茎生叶与基生叶相似，唯叶片对数较少；基生叶托叶近膜质，褐色。伞房状聚伞花序，基部有披针形苞片，外面密被短柔毛；花直径通常0.8~1厘米；萼片三角卵形；花瓣黄色，宽倒卵形；花柱近顶生。瘦果卵球形，深褐色，有明显皱纹。花果期4~10月。
生境： 生于山坡沟谷、林缘、灌丛或疏林下。
用途： 全草入药，具有清热解毒、止血、止痢的功效。

金露梅

Potentilla fruticosa L.

蔷薇科 Rosaceae
委陵菜属 Potentilla

别名：棍儿茶、药王茶、金蜡梅、金老梅、格桑花

特征：灌木。高0.5~2米，多分枝。树皮纵向剥落。小枝红褐色，幼时被长柔毛。羽状复叶，有小叶2对；叶柄被绢毛或疏柔毛；小叶片长圆形、倒卵长圆形或卵状披针形，长0.7~2厘米，宽0.4~1厘米，全缘，基部楔形，两面绿色；托叶薄膜质，宽大。单花或数朵生于枝顶，花梗密被长柔毛或绢毛；花直径2.2~3厘米；萼片卵圆形，顶端急尖至短渐尖，副萼片披针形至倒卵状披针形，与萼片近等长，外面疏被绢毛；花瓣黄色，宽倒卵形；柱头扩大。瘦果近卵形，褐棕色。花果期6~9月。

生境：生于草坡湿地、砾石坡、灌丛及林缘。

用途：叶与果含鞣质，可供提制栲胶。嫩叶可代茶叶饮用。花、叶入药，具有健脾、化湿、清暑、调经的功效。

蔷薇科 Rosaceae

银露梅
Potentilla glabra Loddiges

蔷薇科 Rosaceae
委陵菜属 *Potentilla*

别名：白花棍儿茶、银老梅、长瓣银露梅

特征：灌木。顶生单花或数朵，花梗细长，被疏柔毛；花直径1.5~2.5厘米；萼片卵形，急尖或短渐尖，副萼片披针形、倒卵披针形或卵形，比萼片短或近等长，外面被疏柔毛；花瓣白色，倒卵形，顶端圆钝；花柱近基生，棒状，基部较细，在柱头下缢缩，柱头扩大。瘦果表面被毛。花果期6~11月。

生境：生于草坡湿地、河谷岩石缝中、灌丛及林中。

用途：叶入药，具有清热、健胃、调经的功效。

多茎委陵菜

Potentilla multicaulis Bge.

蔷薇科 Rosaceae
委陵菜属 *Potentilla*

别名：细叶委陵菜、多裂委陵菜

特征：多年生草本。根粗壮，圆柱形。花茎多而密集丛生，常带暗红色。基生叶为羽状复叶，有小叶4~6对，叶柄暗红色，被白色长柔毛，小叶片对生稀互生，无柄，椭圆形至倒卵形，边缘羽状深裂，裂片带形，上面绿色，下面被白色绒毛；茎生叶与基生叶形状相似，唯小叶对数较少。聚伞花序多花，初开时密集，花后疏散；花直径0.8~1厘米；萼片三角卵形；花瓣黄色，倒卵形或近圆形；花柱近顶生，圆柱形，基部膨大。瘦果卵球形有皱纹。花果期4~9月。

生境：生于向阳砾石山坡、耕地边、湿地及疏林下。

用途：全草入药，具有止血、杀虫的功效；可作饲料。

榆叶梅
Prunus triloba Lindl. | 蔷薇科 Rosaceae | 李属 *Prunus*

别名： 额勒伯特－其其格、小桃红

特征： 灌木，稀小乔木。高2～3米。枝条开展，具多数短小枝；小枝灰色，一年生枝灰褐色。短枝上的叶常簇生，一年生枝上的叶互生；叶片宽椭圆形至倒卵形，长2～6厘米，宽1.5～3（～4）厘米，常三裂，基部宽楔形，叶边具粗锯齿或重锯齿；叶柄长5～10毫米。花1～2朵，先于叶开放，直径2～3厘米；萼筒宽钟形；萼片卵形或卵状披针形；花瓣近圆形或宽倒卵形，粉红色；雄蕊25～30；子房密被短柔毛。果实近球形，直径1～1.8厘米，红色；果肉薄，成熟时开裂；核近球形，具厚硬壳，直径1～1.6厘米，顶端圆钝，表面具不整齐的网纹。花期4～5月；果期5～7月。

生境： 生于坡地或湿地旁乔、灌木林下或林缘。

用途： 种仁入药，具有泻下、抗炎、镇痛的功效，能够润燥滑肠，下气利水。

美蔷薇

Rosa bella Rehd. et Wils.

蔷薇科 Rosaceae
蔷薇属 *Rosa*

别名：油瓶子

特征：灌木。高1~3米。小枝圆柱形，细弱，散生直立的基部具稍膨大的皮刺，老枝常密被针刺。小叶7~9，连叶柄长4~11厘米；小叶片椭圆形、卵形或长圆形，长1~3厘米，宽6~20毫米，先端急尖或圆钝，基部近圆形，边缘有单锯齿，两面无毛或下面沿脉有散生柔毛和腺毛。花单生或2~3朵集生，苞片卵状披针形，边缘有腺齿；花梗长5~10毫米，花梗和萼筒被腺毛；花直径4~5厘米；萼片卵状披针形，全缘；花瓣粉红色，宽倒卵形；花柱离生。果椭圆状卵球形，直径1~1.5厘米；果梗可达1.8厘米。花期5~7月；果期8~10月。

生境：多生于灌丛中、山脚下或河沟旁等处。

用途：花、果入药，花具有理气、活血、调经、健胃的功效。果具有养血活血的功效。

山刺玫
Rosa davurica Pall.

蔷薇科 Rosaceae
蔷薇属 *Rosa*

别名： 刺玫果、刺玫蔷薇、墙花刺、黄刺玫

特征： 直立灌木。高约1.5米。小叶7~9，连叶柄长4~10厘米；小叶片长圆形或阔披针形，长1.5~3.5厘米，先端急尖或圆钝，基部圆形或宽楔形，边缘有单锯齿和重锯齿；托叶大部贴生于叶柄。花单生于叶腋，或2~3朵簇生；苞片卵形，边缘有腺齿，下面有柔毛和腺点；花梗长5~8毫米；花直径3~4厘米；萼筒近圆形，萼片披针形，先端扩展成叶状，边缘有不整齐锯齿和腺毛；花瓣粉红色，倒卵形，先端不平整，基部宽楔形；花柱离生。果近球形或卵球形，直径1~1.5厘米，红色。花期6~7月；果期8~9月。

生境： 多生于山坡阳处或杂木林边、丘陵湿地。

用途： 果含多种维生素、果胶、糖分及鞣质等，入药，具有健脾胃、助消化的功效。根主要含儿茶类鞣质，具有止咳祛痰、止痢、止血的功效。

地榆

Sanguisorba officinalis L.

| 蔷薇科 Rosaceae
| 地榆属 *Sanguisorba*

别名：一串红、山枣子、玉札、黄瓜香、豚榆系

特征：多年生草本。高30~120厘米。根粗壮，多呈纺锤形，表面棕褐色或紫褐色，横切面黄白色或紫红色。茎直立，有棱。基生叶为羽状复叶，有小叶4~6对；小叶片有短柄，卵形或长圆状卵形，长1~7厘米，宽0.5~3厘米，顶端圆钝，基部心形至浅心形，边缘有多数粗大圆钝稀急尖的锯齿。穗状花序椭圆形，圆柱形或卵球形，直立，通常长1~4厘米，横径0.5~1厘米，从花序顶端向下开放；苞片膜质，披针形；萼片4枚，紫红色，椭圆形至宽卵形；雄蕊4枚，花丝丝状。果实包藏在宿存萼筒内，外面有4棱。花果期7~10月。

生境：生于草原、草甸、山坡草地、灌丛中、疏林下。

用途：根具有止血的功效，用于烧伤、烫伤的治疗。

蔷薇科 Rosaceae | 83

珍珠梅
Sorbaria sorbifolia (L.) A. Br.

蔷薇科 Rosaceae
珍珠梅属 Sorbaria

别名：东北珍珠梅、华楸珍珠梅、八本条、高楷子、山高粱条子

特征：灌木。高达2米。枝条开展；小枝初时绿色，老时暗红褐色或暗黄褐色。冬芽紫褐色，具有数枚互生外露的鳞片。羽状复叶，小叶片11～17枚，连叶柄长13～23厘米，宽10～13厘米。顶生大型密集圆锥花序，分枝近于直立，长10～20厘米，直径5～12厘米，总花梗和花梗被星状毛或短柔毛；苞片卵状披针形至线状披针形；花直径10～12毫米；萼筒钟状；萼片三角卵形，先端钝或急尖，萼片约与萼筒等长；花瓣长圆形或倒卵形，白色；雄蕊40～50，长于花瓣1.5～2倍，生在花盘边缘；心皮5。花期7～8月；果期9月。

生境：生于山坡疏林中。

用途：具有生津止渴、开胃散郁、解毒生肌、顺气止咳等功效。

土庄绣线菊
Spiraea pubescens Turczaninow

蔷薇科 Rosaceae
绣线菊属 *Spiraea*

别名：柔毛绣线菊、蚂蚱腿、小叶石棒子、石蒡子、土庄花
特征：灌木。高1~2米。小枝开展，嫩时被短柔毛，老时无毛。叶片菱状卵形至椭圆形，长2~4.5厘米，宽1.3~2.5厘米，边缘自中部以上有深刻锯齿，有时3裂，下面被灰色短柔毛。伞形花序具总梗，有花15~20朵；花梗长7~12毫米，无毛；花直径5~7毫米；萼筒钟状；萼片卵状三角形；花瓣卵形、宽倒卵形或近圆形，长与宽各2~3毫米，白色；雄蕊25~30，约与花瓣等长；花盘圆环形，具10枚裂片，裂片先端稍凹陷。蓇葖果开张，仅在腹缝微被短柔毛，花柱顶生，多数具直立萼片。花期5~6月；果期7~8月。
生境：生于干燥岩石坡地、向阳或半阴处、杂木林内。
用途：茎髓入药，用于水肿的治疗。

豆科 Fabaceae

斜茎黄芪
Astragalus laxmannii Jacq.

豆科 Fabaceae
黄芪属 *Astragalus*

别名： 直立黄芪、沙打旺

特征： 多年生草本。高20~100厘米。根较粗壮，暗褐色，有时有长主根。茎多数或数个丛生，直立或斜上。羽状复叶有9~25片小叶，叶柄较叶轴短；托叶三角形，渐尖，基部稍合生或有时分离；小叶长圆形、近椭圆形或狭长圆形，上面疏被伏贴毛，下面较密。总状花序长圆柱状、穗状，生多数花，排列密集；总花梗生于茎的上部，较叶长或与其等长；花萼管状钟形，萼齿狭披针形，长为萼筒的1/3；花冠近蓝色或红紫色，翼瓣较旗瓣短。荚果长圆形，两侧稍扁，背缝凹入成沟槽，被黑色、褐色或和白色混生毛。花期6~8月；果期8~10月。

生境： 生于向阳山坡灌丛及林缘地带。

用途： 种子入药，为强壮剂，用于神经衰弱的治疗。可作为优良牧草和保土植物。

达乌里黄芪

Astragalus dahuricus (Pall.) DC.

豆科 Fabaceae
黄芪属 Astragalus

别名： 达乌里黄耆、兴安黄耆

特征： 一年生或二年生草本。被开展、白色柔毛。茎直立，高达80厘米。羽状复叶有11~19（~23）片小叶；叶柄长不及1厘米；托叶分离，狭披针形或钻形；小叶长圆形、倒卵状长圆形或长圆状椭圆形。总状花序较密，10~20花，长3.5~10厘米；总花梗长2~5厘米；苞片线形或刚毛状；花萼斜钟状，萼齿线形或刚毛状，上边2齿较萼部短，下边3齿较长；花冠紫色，旗瓣近倒卵形。荚果线形，先端突尖喙状，直立，内弯，具横脉，假2室，含20~30粒种子，果颈短；种子肾形，有斑点。花期7~9月；果期8~10月。

生境： 生于山坡和河滩草地。

用途： 全株可作饲料，有"驴干粮"之称。

糙叶黄芪
Astragalus scaberrimus Bunge

豆科 Fabaceae
黄芪属 *Astragalus*

别名：春黄芪、春黄耆、糙叶黄耆、粗糙紫云英

特征：多年生草本。密被白色伏贴毛。根状茎短缩，多分枝，木质化；地上茎不明显或极短。羽状复叶有7~15小叶，长5~17厘米；叶柄与叶轴等长或稍长。总状花序生3~5花，排列紧密或稍稀疏；总花梗极短或长达数厘米，腋生；花梗极短；苞片披针形，较花梗长；花萼管状，长7~9毫米，被细伏贴毛。荚果披针状长圆形，长8~13毫米，宽2~4毫米，具短喙，革质，密被白色伏贴毛，假2室。花期4~8月；果期5~9月。

生境：生于山坡石砾质草地、草原、沙丘及沿河流两岸的沙地。

用途：牛羊喜食，可作牧草及保持水土植物。

小叶锦鸡儿
Caragana microphylla Lam.

豆科 Fabaceae
锦鸡儿属 *Caragana*

别名：灰毛小叶锦鸡儿

特征：多年生灌木植物。高1~2（~3）米。老枝深灰色或黑绿色，嫩枝被毛，直立或弯曲。羽状复叶有5~10对小叶；托叶长1.5~5厘米，脱落；小叶倒卵形或倒卵状长圆形，先端圆或钝，很少凹入，具短刺尖，幼时被短柔毛。花梗长约1厘米；花萼管状钟形，萼齿宽三角形；花冠黄色，旗瓣宽倒卵形，先端微凹，基部具短瓣柄，翼瓣的瓣柄长为瓣片的1/2，耳短，齿状；龙骨瓣的瓣柄与瓣片近等长，耳不明显，基部截平；子房无毛。荚果圆筒形，稍扁，具锐尖头。花期5~6月；果期7~8月。

生境：生于草原、沙地及丘陵坡地。

用途：根、花及果实可入药。枝条可作绿肥材料，嫩枝叶可作饲草材料。株形优美，可用作园林绿化、固沙和水土保持植物。

米口袋
Gueldenstaedtia verna (Georgi) Boriss

豆科 Fabaceae
米口袋属 *Gueldenstaedtia*

别名：小米口袋、甜地丁
特征：多年生草本。高4～20厘米。主根圆锥状。分茎极缩短；叶及总花梗于分茎上丛生。叶在早春时长仅2～5厘米，夏秋可长达15厘米，个别甚至可达23厘米；叶柄具沟；小叶7～21，椭圆形到长圆形，卵形至长卵形。伞形花序有2～6朵花；花萼钟状；花冠紫堇色；子房椭圆状，密被贴服长柔毛，顶端膨大成圆形柱头。荚果圆筒状；种子三角状肾形，直径约1.8毫米，具凹点。花期4月；果期5～6月。
生境：生于山坡、路旁、田边、沙质地中。
用途：全草及根入药，具有清热利湿、解毒消肿的功效。

胡枝子
Lespedeza bicolor Turcz.

豆科 Fabaceae
胡枝子属 *Lespedeza*

别名：随军茶、萩

特征：二年生草本植物。高1~3米。多分枝。芽卵形，具数枚黄褐色鳞片。羽状复叶具3小叶；托叶2枚。小叶质薄，卵形、倒卵形或卵状长圆形，上面绿色，下面色淡。总状花序腋生，比叶长，常构成大型较疏松的圆锥花序；小苞片2；花萼5浅裂；花冠红紫色，基部具耳和瓣柄，龙骨瓣与旗瓣近等长；子房被毛。荚果斜倒卵形，表面具网纹，密被短柔毛。花期7~9月；果期9~10月。

生境：生于灌丛、山坡、林缘、路旁及杂木林间。

用途：全草入药，具有益肝明目、清热利尿、通经活血的功效。种子油可供食用或作机器润滑油材料。

白香草木樨

Melilotus albus Desr.

豆科 Fabaceae
草木樨属 *Melilotus*

别名： 白花草木樨、白甜车轴草

特征： 两年生草本植物。高70~200厘米。茎直立高大。叶为羽状三出复叶；小叶长圆形或倒披针状长圆形，边缘疏生浅锯齿，上面无毛，下面被细柔毛。花序长4~6厘米；花冠白色，旗瓣较翼瓣稍长；萼齿三角形；花长4~5毫米。荚果卵球形，灰棕色，无毛，具味；种子1~2粒，灰黄色至褐色，平滑或具小疣状突起。花果期6~9月。

生境： 生于田边、荒地及湿润的沙地。

用途： 全草入药，用于清热利湿、消毒解肿、小儿惊风的治疗。果实用于风火牙痛的治疗。

黄香草木樨

Melilotus officinalis (L.) Pall.

豆科 Fabaceae
草木樨属 *Melilotus*

别名：黄花草木樨、香马料、金花草

特征：二年生草本。高40~250厘米。茎直立，粗壮，具纵棱，微被柔毛。羽状三出复叶；托叶镰状线形，中央有1条脉纹；小叶倒卵形、阔卵形、倒披针形至线形，边缘具不整齐疏浅齿，侧脉8~12对。总状花序腋生，具花30~70，初时稠密，花开后渐疏松；苞片刺毛状；花冠黄色，旗瓣倒卵形，与翼瓣近等长；雄蕊筒在花后常宿存包于果外。荚果卵形，棕黑色；种子1~2粒。花期5~9月；果期6~10月。

生境：生于山坡、河岸、路旁、沙质草地及林缘。

用途：味微甘，性平，具有止咳平喘、散结止痛的功效。

花苜蓿

Medicago ruthenica (L.) Trautv.

豆科 Fabaceae
苜蓿属 *Medicago*

别名： 扁蓿豆

特征： 多年生草本。高0.2~1米。茎直立或上升，四棱形。羽状三出复叶；托叶披针形，耳状，具1~3浅齿；小叶倒披针形、楔形或线形，边缘1/4以上具尖齿，上面近无毛，下面被贴伏柔毛，侧脉8~18对；顶生小叶稍大，侧生小叶柄甚短，被毛。花序伞形，腋生，有时长达2厘米，具6~9朵密生的花；花序梗通常比叶长；苞片刺毛状；花萼钟形；花冠黄褐色，中央有深红色或紫色条纹，旗瓣倒卵状长圆形、倒心形或匙形，翼瓣稍短，龙骨瓣明显短，均具长瓣柄。荚果长圆形或卵状长圆形，顶端具短喙；种子2~6粒，椭圆状卵圆形。花期6~9月；果期8~10月。

生境： 生于草原、沙地、河岸及砂砾质土壤的山坡旷野。

用途： 全草可入药。种子研碎外敷，可用于烫伤与蚊虫叮伤的治疗。

苜蓿

Medicago sativa L.

豆科 Fabaceae
苜蓿属 *Medicago*

别名：三叶草、草头、紫苜蓿

特征：多年生草本。高30~100厘米。茎直立、四棱形。羽状三出复叶；托叶大，基部全缘或具1~2齿裂；小叶长卵形、倒长卵形至线状卵形，纸质，侧脉8~10对。花序总状或头状，具花5~30朵；花长6~12毫米；萼钟形；花冠淡黄色、深蓝色至暗紫色，花瓣均具长瓣柄，旗瓣长圆形，先端微凹，明显较翼瓣和龙骨瓣长，翼瓣较龙骨瓣稍长；子房线形，胚珠多数。荚果螺旋状紧卷2~6圈，脉纹细，熟时棕色；种子10~20粒。花期5~7月；果期6~8月。

生境：生于路旁、田边、草原、旷野、河岸及沟谷等地。

用途：全草可入药；有食用价值和生态价值，为山区优良的水土保持植物；也可作牧草。

二色棘豆
Oxytropis bicolor Bunge | 豆科 Fabaceae
棘豆属 *Oxytropis*

别名：人头草、地丁、猫爪花、地角儿苗

特征：多年生草本。高5～20厘米。植株各部密被开展白色绢状长柔毛，淡灰色。奇数羽状复叶长4～20厘米；小叶7～17轮（对），对生或4枚轮生，线形、线状披针形或披针形，边缘常反卷，两面密被绢状长柔毛；托叶膜质，卵状披针形。10～15花组成或疏或密的总状花序；苞片披针形，疏被白色柔毛；花萼筒状；花冠紫红色或蓝紫色，旗瓣菱状卵形，翼瓣长圆形，龙骨瓣长1.1～1.5厘米；子房被白色长柔毛或无毛。荚果近革质，卵状长圆形，膨胀，腹背稍扁。花果期4～9月。

生境：生于干燥坡地、丘陵、沙地、堤坝或路旁。

用途：果实可食用；可用作园林绿化、固沙和水土保持植物。

蓝花棘豆

Oxytropis coerulea (Pall.) DC.

豆科 Fabaceae
棘豆属 *Oxytropis*

别名：兰麻团、八头把子、鸡窝子草、小黄芪

特征：多年生草本。高10~20厘米。主根粗壮而直伸。茎缩短，基部分枝呈丛生状。羽状复叶长5~15厘米；托叶披针形，被绢状毛；叶柄与叶轴疏被贴伏柔毛；小叶25~41，长圆状披针形。12~20花组成稀疏总状花序；花葶比叶长1倍；花长8毫米；花萼钟状，疏被黑色和白色短柔毛，萼齿三角状披针形，比萼筒短1倍；花冠天蓝色或蓝紫色，旗瓣长8（~12）~15毫米，瓣片长椭圆状圆形，翼瓣长7毫米，瓣柄线形；子房几无柄，含10~12胚珠。荚果长圆状卵形膨胀，疏被白色和黑色短柔毛，1室；果梗极短。花期6~7月；果期7~8月。

生境：生于山坡或山地林下。

用途：根入药，具有补气固表、托毒生肌、利水退肿等功效。

豆科 Fabaceae | 97

砂珍棘豆
Oxytropis racemosa Turcz.

豆科 Fabaceae
棘豆属 *Oxytropis*

别名：泡泡草
特征：多年生草本。高5~15cm。根长圆柱形，黄褐色。茎短缩或几乎无地上茎。叶丛生，多数，叶为轮生小叶的复叶，均密被长柔毛；小叶片线形、披针形或线状长圆形。总状花序缩短近头状，生于花梗顶端；苞片线形；萼钟状；萼齿线形；花较小，粉红色或带紫色，旗瓣倒卵形，翼瓣和龙骨瓣较旗瓣短；雄蕊10，二体；子房有短柔毛，花柱先端稍内弯。荚果宽卵形，膨胀，先端具短喙。花期5~7月；果期7~9月。
生境：生于河岸沙滩、沙质坡地、山脚。
用途：全草入药，具有消食健脾的功效。

披针叶野决明

Thermopsis lanceolata R. Br.

豆科 Fabaceae

野决明属 *Thermopsis*

别名：披针叶黄华、牧马豆、东方野决明

特征：多年生草本植物。高可达40厘米。茎直立，具沟棱，被黄白色贴伏或伸展柔毛。叶柄短，托叶叶状，卵状披针形，先端渐尖，基部楔形；小叶片狭长圆形、倒披针形，上面通常无毛，下面多少被贴伏柔毛。总状花序顶生，具花，排列疏松；苞片线状卵形或卵形，先端渐尖，宿存；萼钟形，密被毛，背部稍呈囊状隆起，三角形，下方萼齿披针形；花冠黄色，旗瓣近圆形，子房密被柔毛，具柄。荚果线形，先端具尖喙，被细柔毛，黄褐色；种子圆肾形，黑褐色，有光泽。花期5~7月；果期6~10月。

生境：生于草甸草原、碱化草原、盐化草甸。

用途：全草入药，具有祛痰镇咳的功效，用于痰喘、咳嗽等症的治疗。

野火球 | 豆科 Fabaceae
Trifolium lupinaster L. | 车轴草属 *Trifolium*

别名： 野车轴草、红五叶、白花野火球

特征： 多年生草本。高30~60厘米。根粗壮，发达，常多分叉。茎直立，单生，基部无叶。掌状复叶，通常小叶5枚；托叶大部分抱茎呈鞘状；小叶披针形至线状长圆形，先端锐尖，侧脉多达50对，两面均隆起。头状花序着生顶端和上部叶腋，具花20~35朵；花序下端具一早落的膜质总苞；花长（10~）12~17毫米，脉纹10条；花冠淡红色至紫红色，旗瓣椭圆形，翼瓣长圆形，下方有一钩状耳，龙骨瓣长圆形，比翼瓣短；胚珠5~8。荚果长圆形，膜质，棕灰色；种子（2~）3~6粒；种子阔卵形。花果期6~10月。

生境： 生于低湿草地、林缘和山坡。

用途： 经济价值很高，具有多种用途，是一种优良牧草。

广布野豌豆

Vicia cracca L.

豆科 Fabaceae
野豌豆属 *Vicia*

别名：鬼豆角、落豆秧、草藤、灰野豌豆

特征：多年生草本。偶数羽状复叶，叶轴顶端卷须有2～3分枝；托叶半箭头形或戟形，上部2深裂；小叶5～12对，互生，线形、长圆或披针状线形；叶脉稀疏。总状花序与叶轴近等长，花多数，10～40密集一面着生于总花序轴上部；花萼钟状，萼齿5，近三角状披针形；花冠紫色、蓝紫色或紫红色；旗瓣长圆形，中部缢缩呈提琴形，先端微缺，瓣柄与瓣片近等长；翼瓣与旗瓣近等长，明显长于龙骨瓣先端钝；子房有柄，胚珠4～7。荚果长圆形或长圆状菱形，先端有喙；种子3～6粒，扁圆球形，种皮黑褐色，种脐长相当于种子周长1/3。花果期5～9月。

生境：生于林间草地、草甸、灌丛。

用途：全草入药，具有活血平胃、明耳目、治疗疮的功效；嫩时牛羊等牲畜喜食，为优良的绿肥饲料。

大叶野豌豆

Vicia pseudo-orobus Fischer & C. A. Meyer

豆科 Fabaceae
野豌豆属 *Vicia*

别名： 山落豆秧子

特征： 多年生攀援性草本。高50~100厘米。根状茎粗壮。茎有棱。叶为偶数羽状复叶，具3~5对小叶，茎上部叶常具1~2对小叶，叶轴末端为分歧或单一的卷须；叶半箭头形，通常具1至数枚锯齿；小叶卵形或椭圆形，近革质。总状花序腋生；萼钟状，萼齿短，先端常呈锥状；花冠紫色或蓝紫色，旗瓣瓣片比瓣爪稍短或近等长，翼瓣及龙骨瓣与旗瓣近等长。荚果长圆形，扁平或稍扁，先端斜楔形，无毛，具1~4（~6）粒种子。花期7~9月；果期8~10月。

生境： 生于林缘、灌丛、山坡及柞林或杂木的林间草地疏林下和路旁等处。

用途： 全草入药，具有祛风除湿、活血止痛的功效；可作牧草，牛、马、羊均喜食。

歪头菜

Vicia unijuga A. Br.

豆科 Fabaceae
野豌豆属 *Vicia*

别名：两叶豆苗、歪头草

特征：多年生草本。高15~180厘米。根茎粗壮，近木质，表皮黑褐色；通常数茎丛生，具棱，老时渐脱落，茎基部表皮红褐色或紫褐红色。小叶1对，卵状披针形或近菱形，边缘具小齿状，基部楔形，两面均疏被微柔毛。总状花序单一，稀有分支呈圆锥状复总状花序；花8~20，一面密集于花序轴上部；花萼紫色；花冠蓝紫色、紫红色或淡蓝色；子房线形，无毛；胚珠2~8，具子房柄。荚果扁、长圆形，表皮棕黄色，成熟时腹背开裂；种子3~7粒，扁圆球形。花期6~7月；果期8~9月。

生境：生于林缘、草地、山地、沟边及灌丛。

用途：全草入药，具有补虚调肝、理气止痛、清热利尿的功效；也是优质牧草之一。幼苗及嫩茎叶可作蔬菜食用。

牻牛儿苗科 Geraniaceae | 103

芹叶牻牛儿苗
Erodium cicutarium (L.) L'Herit. ex Ait.

牻牛儿苗科 Geraniaceae
牻牛儿苗属 *Erodium*

特征： 一年生或二年生草本。高10~20厘米。根为直根系，主根深长。茎多数，直立、斜升或蔓生，被灰白色柔毛。叶对生或互生。托叶三角状披针形或卵形，干膜质，棕黄色；基生叶具长柄，茎生叶具短柄或无柄；叶片矩圆形或披针形，二回羽状深裂，裂片7~11对，小裂片短小，两面被灰白色伏毛。伞状花序腋生，明显长于叶，总花梗被白色早落长腺毛，每梗通常具2~10花；萼片3~5脉，先端被腺毛或具枯胶质糙长毛；花瓣紫红色，倒卵形；雌蕊密被白色柔色。蒴果被短伏毛；种子卵状矩圆形。花期6~7月；果期7~10月。
生境： 生于山地砂砾质山坡、沙质平原湿地和干河谷等处。
用途： 嫩叶可生食或煮熟食用。

牻牛儿苗

Erodium stephanianum Willd.

牻牛儿苗科 Geraniaceae
牻牛儿苗属 *Erodium*

别名：太阳花

特征：多年生草本。高15～50厘米。根为直根，较粗壮。茎多数，仰卧或蔓生。叶对生；基生叶和茎下部叶具长柄，被开展的长柔毛和倒向短柔毛；叶片轮廓卵形或三角状卵形，基部心形，二回羽状深裂，小裂片卵状条形。伞状花序腋生，总花梗被开展长柔毛和倒向短柔毛，每梗具2～5花；苞片狭披针形，分离；花梗花期直立，果期开展，上部向上弯曲；萼片矩圆状卵形；花瓣紫红色，倒卵形；花丝紫色，花柱紫红色。蒴果长约4厘米，密被短糙毛；种子具斑点。花期6～8月；果期8～9月。

生境：生于沙质河滩地、干山坡、农田边、草原凹地等。

用途：全草入药，具有祛风除湿、清热解毒的功效。

粗根老鹳草
Geranium dahuricum DC.

| 牻牛儿苗科 Geraniaceae
| 老鹳草属 *Geranium*

别名： 长白老鹳草
特征： 多年生草本。高20~60厘米。根茎短粗，具簇生纺锤形块根；茎多数，假二叉状分枝。叶基生和茎上对生；托叶披针形或卵形，先端长渐尖，外被疏柔毛；基生叶和茎下部叶具长柄，柄长为叶片的3~4倍，向上叶柄渐短，最上部叶几无柄；叶片七角状肾圆形，掌状7深裂近基部，裂片羽状深裂，小裂片披针状条形、全缘。花序腋生和顶生，长于叶，总花梗具2花；苞片披针形；花梗长约为花的2倍，花、果期下弯；萼片卵状椭圆形；花瓣紫红色；雄蕊稍短于萼片，花丝棕色；雌蕊密被短伏毛。种子肾形。花期7~8月；果期8~9月。
生境： 生于山地草甸或亚高山草甸。
用途： 根状茎含鞣酸，可供提取栲胶。

草地老鹳草 牻牛儿苗科 Geraniaceae
Geranium pratense L. 老鹳草属 *Geranium*

别名： 草甸老鹳草

特征： 多年生草本。高30～50厘米。根茎粗壮，具多数纺锤形块根。茎假二叉状分枝，被倒向弯曲的柔毛和开展的腺毛。叶基生和茎上对生；基生叶和茎下部叶具长柄，被倒向短柔毛和开展的腺毛；叶片肾圆形，基部宽心形，掌状7～9深裂近茎部，裂片菱形或狭菱形，羽状深裂，小裂片条状卵形，常具1～2齿，表面被疏伏毛，背面通常仅沿脉被短柔毛。总花梗腋生或于茎顶集为聚伞花序，长于叶，密被倒向短柔毛和开展腺毛，每梗具2花；苞片狭披针形；花丝上部紫红色，花药紫红色；雌蕊被短柔毛。蒴果被短柔毛和腺毛。花期6～7月；果期7～9月。

生境： 生于山地草甸和亚高山草甸。

用途： 质地柔软，可制成干草或枯草，各种家畜都喜食。

牻牛儿苗科 Geraniaceae | 107

鼠掌老鹳草
Geranium sibiricum L.

牻牛儿苗科 Geraniaceae
老鹳草属 *Geranium*

别名：鼠掌草、西伯利亚老鹳草

特征：一年生或多年生草本。高30～70厘米。根为直根。茎纤细，仰卧或近直立，多分枝。叶对生；托叶披针形，基部抱茎；基生叶和茎下部叶具长柄；下部叶片肾状五角形，掌状5深裂，中部以上齿状羽裂或齿状深缺刻，下部楔形。总花梗丝状，单生于叶腋，具1花；苞片对生；萼片卵状椭圆形或卵状披针形；花瓣倒卵形，淡紫色或白色；花柱不明显。蒴果长15～18毫米，果梗下垂；种子肾状椭圆形，黑色。花期6～7月；果期8～9月。

生境：生于草甸湿地、山地森林带和山地草甸带。

用途：茎秆用作牲畜饲料；全草入药，具有祛风、活血、清热解毒的功效，用于风湿疼痛、痈疽、跌打损伤、拘挛麻木、肠炎、痢疾等症的治疗。

老鹳草

Geranium wilfordii Maxim.

牻牛儿苗科 Geraniaceae
老鹳草属 Geranium

别名：老鹳嘴、老鸦嘴、贯筋、老贯筋、老牛筋

特征：多年生草本。高30~50厘米。根茎直生，粗壮，具簇生纤维状细长须根；茎具棱槽，假二叉状分枝，被倒向短柔毛，有时上部混生开展腺毛。叶基生和茎生叶对生；基生叶片圆肾形，长3~5厘米，宽4~9厘米，5深裂达2/3处，裂片倒卵状楔形；茎生叶3裂至3/5处，裂片长卵形或宽楔形。花序腋生和顶生，每梗具2花；花梗花、果期通常直立；萼片长卵形或卵状椭圆形；花瓣白色或淡红色，倒卵形；雄蕊稍短于萼片；雌蕊被短糙状毛，花柱分枝紫红色。蒴果长约2厘米。花期6~8月；果期8~9月。

生境：生于低山林下、草甸湿地。
用途：全草入药，具有祛风通络的功效。

灰背老鹳草
Geranium wlassovianum Fischer ex Link

牻牛儿苗科 Geraniaceae
老鹳草属 *Geranium*

别名： 绒背老鹳草
特征： 多年生草本。高30~70厘米。根茎短粗，木质化，具簇生纺锤形块根；茎2~3，直立或基部仰卧，具棱角，假二叉状分枝，被倒向短柔毛。叶基生和茎上对生；基生叶具长柄，被短柔毛；叶片五角状肾圆形，基部浅心形，5深裂达中部或稍过之。花序腋生和顶生，稍长于叶，总花梗被倒向短柔毛，具2花；苞片狭披针形；花梗花期直立或弯曲，果期水平状叉开；萼片长卵形或矩圆形状椭圆形，先端具长尖头，密被短柔毛和开展的疏散长柔毛；花瓣淡紫红色，具深紫色脉纹。蒴果被短糙毛。花期7~8月；果期8~9月。
生境： 生于河岸湿地、山地草甸、林缘、沼泽地。
用途： 可植于花境、园路两侧、疏林下或篱栅四周。

水金凤
Impatiens noli-tangere L.

凤仙花科 Balsaminaceae
凤仙花属 Impatiens

别名：辉菜花

特征：一年生草本。高40~70厘米。茎较粗壮，肉质，直立，上部多分枝，无毛，下部节常膨大。叶互生；叶片卵形或卵状椭圆形，边缘有粗圆齿状齿，两面无毛，上面深绿色，下面灰绿色。总花梗长1~1.5厘米，具2~4花，排列成总状花序；苞片草质，披针形，宿存；花黄色；侧生2萼片卵形或宽卵形，先端急尖；旗瓣圆形或近圆形，直径约10毫米；翼瓣无柄，2裂，近基部散生橙红色斑点，外缘近基部具钝角状的小耳；唇瓣宽漏斗状，喉部散生橙红色斑点，基部渐狭成长10~15毫米内弯的距。花期7~9月。

生境：生于山坡林下、林缘草地或沟边。

用途：全草入药，具有活血、调经、祛风除湿的功效。

大戟科 Euphorbiaceae

乳浆大戟
Euphorbia esula L.

大戟科 Euphorbiaceae
大戟属 Euphorbia

别名：乳浆草、宽叶乳浆大戟、松叶乳汁大戟、东北大戟

特征：多年生草本。根圆柱状，长20厘米以上，常曲折。茎单生或丛生，高30～60厘米。叶线形至卵形，变化极不稳定；无叶柄；不育枝叶常为松针状，无柄；总苞叶3～5，与茎生叶同形；伞幅3～5；苞叶2，常为肾形。花序单生于二歧分枝的顶端，基部无柄；总苞钟状，边缘5裂；腺体4，新月形，两端具角，角长而尖或短而钝；雄花多枚，苞片宽线形，无毛；雌花1枚，子房柄明显伸出总苞之外，子房光滑无毛。蒴果三棱状球形，花柱宿存，成熟时分裂为3个分果爿；种子卵球状。花果期4～10月。

生境：生于路旁、杂草丛、山坡、林下、荒山、河沟边、沙丘及草地。

用途：种子含油量达30%，可用于工业生产。全草入药，具有拔毒止痒的功效。

白杜

Euonymus maackii Ruprecht

卫矛科 Celastraceae
卫矛属 *Euonymus*

别名： 明开夜合、丝棉木、华北卫矛

特征： 小乔木。高达6米。叶卵状椭圆形、卵圆形或窄椭圆形，长4~8厘米，宽2~5厘米，先端长渐尖，基部阔楔形或近圆形，边缘具细锯齿，有时极深而锐利；叶柄通常细长，常为叶片的1/4~1/3，但有时较短。聚伞花序3至多花，花序梗略扁，长1~2厘米；花4数，淡白绿色或黄绿色；小花梗长2.5~4毫米；雄蕊花药紫红色，花丝细长。蒴果倒圆心状，4浅裂，成熟后果皮粉红色，种皮棕黄色，假种皮橙红色，全包种子。花期5~6月；果期9月。

生境： 生于草甸湿地、山地森林带和山地草甸带。

用途： 根入药，具有祛风除湿、活血通络、清热解毒的功效。

蜀葵

Alcea rosea L.

锦葵科 Malvaceae
蜀葵属 *Alcea*

别名： 一丈红、大蜀季、戎葵

特征： 二年生直立草本。高达2米。茎枝密被刺毛。叶近圆心形，掌状5~7浅裂或波状棱角，裂片三角形或圆形；叶柄长5~15厘米，被星状长硬毛。花腋生，单生或近簇生，排列成总状花序式，具叶状苞片；小苞片杯状，常6~7裂；萼钟状，5齿裂，密被星状粗硬毛；花大，直径6~10厘米，有红、紫、白、粉红、黄和黑紫等色，单瓣或重瓣，花瓣倒卵状三角形，长约4厘米，先端凹缺，基部狭，爪被长髯毛；雄蕊柱无毛，花丝纤细，花药黄色；花柱分枝多数，微被细毛。花期2~8月。

生境： 生于半阴盐碱地、湿地、草甸。

用途： 全草入药，具有清热止血、消肿解毒的功效。茎皮含纤维，可代麻用。

锦葵

Malva cathayensis M. G. Gilbert, Y. Tang & Dorr

锦葵科 Malvaceae
锦葵属 *Malva*

别名：棋盘花、气花、小白淑气花、金钱紫花葵

特征：二年生或多年生直立草本。高50~90厘米。分枝多，疏被粗毛。叶圆心形或肾形，具5~7圆齿状钝裂片，长5~12厘米，基部近心形至圆形，边缘具圆锯齿；叶柄长4~8厘米，近无毛。花3~11簇生，花梗无毛或疏被粗毛；小苞片3，长圆形；萼状，长6~7毫米，萼裂片5；花紫红色或白色，花瓣5，匙形，先端微缺，爪具髯毛；花柱分枝9~11。果扁圆形，分果爿9~11；种子肾形。花期5~10月。

生境：生于各种土壤，其中，沙质土壤最适宜。

用途：茎、叶、花入药，具有清热利湿、理气通便的功效，也可用来作香茶材料。

狼毒

Stellera chamaejasme L.

瑞香科 Thymelaeaceae
狼毒属 *Stellera*

别名： 续毒、川狼毒

特征： 多年生草本。高20~50厘米。根茎木质，粗壮，表面棕色，内面淡黄色；茎直立，不分枝，绿色，有时带紫色，基部木质化，有时具棕色鳞片。叶散生，薄纸质，披针形或长圆状披针形，上面绿色，下面淡绿色至灰绿色，边缘全缘，不反卷或微反卷；叶柄短，上面扁平或微具浅沟。花白色、黄色至淡紫色；具绿色叶状总苞片；花萼筒细瘦；裂片5；雄蕊10，2轮；子房椭圆形，几无柄，花柱短，柱头头状，顶端微被黄色柔毛。果实圆锥形，上部或顶部有灰白色柔毛；种皮膜质，淡紫色。花期4~6月；果期7~9月。

生境： 生于干燥而向阳的高山草坡、草坪或河滩台地。

用途： 可以用于杀虫。根入药，具有祛痰、消积、止痛的功效；根还可供提取工业用酒精。根及茎皮可用于造纸。

沙棘

Hippophae rhamnoides L.

胡颓子科 Elaeagnaceae
沙棘属 *Hippophae*

别名：醋柳、酸刺、达日布

特征：多年生落叶灌木或乔木。高1.5米，生长在高山沟谷中可达18米。棘刺较多，粗壮。嫩枝褐绿色，密被银白色而带褐色鳞片或有时具白色星状柔毛，老枝灰黑色，粗糙。芽大，金黄色或锈色。单叶通常近对生，与枝条着生相似，纸质，狭披针形或矩圆状披针形，基部最宽，上面绿色，初被白色盾形毛或星状柔毛，下面银白色或淡白色，被鳞片；叶柄极短。果实圆球形，橙黄色或橘红色；种子小，阔椭圆形至卵形，具光泽。花期4~5月；果期9~10月。

生境：生于向阳的山嵴、谷地、干涸河床地或山坡。

用途：干燥果实入药，具有止咳祛痰、消食化滞、活血散瘀的功效；果实营养丰富，可食用。

紫花地丁
Viola philippica Cav.

堇菜科 Violaceae
堇菜属 *Viola*

别名： 野堇菜、光瓣堇菜、光萼堇菜

特征： 多年生草本。根状茎短，垂直，淡褐色，长4～13毫米；无地上茎，高4～14厘米，果期高可达20厘米。叶多数，基生，莲座状；叶片下部者通常较小，呈三角状卵形或狭卵形，上部者较长，呈长圆形、狭卵状披针形或长圆状卵形，长1.5～4厘米，宽0.5～1厘米，先端圆钝，果期叶片增大；托叶膜质，苍白色或淡绿色，长1.5～2.5厘米，2/3～4/5与叶柄合生，离生部分线状披针形，边缘疏生具腺体的流苏状细齿或近全缘。蒴果长圆形，长5～12毫米，无毛；种子卵球形。花紫堇色或淡紫色，稀呈白色；萼片卵状披针形或披针形，里面无毛或有须毛，里面有紫色脉纹。花果期4～9月。

生境： 生于田间、荒地、山坡草丛、林缘或灌丛中。

用途： 全草入药，具有清热解毒、凉血消肿的功效。

千屈菜

Lythrum salicaria L.

千屈菜科 Lythraceae
千屈菜属 *Lythrum*

别名： 水柳、中型千屈菜、光千屈菜

特征： 多年生草本。根茎横卧于地下，粗壮；茎直立，多分枝，高30～100厘米，全株青绿色，略被粗毛或密被绒毛，枝通常具4棱。叶对生或3叶轮生，披针形或阔披针形，长4～10厘米，宽8～15毫米，无柄。花组成小聚伞花序，簇生，因花梗及总梗极短，花枝全形似一大型穗状花序；苞片阔披针形至三角状卵形；萼筒有纵棱12条，裂片6；花瓣6，红紫色或淡紫色，倒披针状长椭圆形，基部楔形，着生于萼筒上部，有短爪，稍皱缩；雄蕊12，6长6短，伸出萼筒之外；子房2室，花柱长短不一。蒴果扁圆形。花期7～9月；果期9～10月。

生境： 生于河岸、湖畔、溪沟边和湿地上。

用途： 全草入药，用于肠炎、痢疾、便血的治疗；外用可治疗外伤出血。

柳叶菜科 Onagraceae

柳兰
Chamerion angustifolium (L.) Holub

柳叶菜科 Onagraceae
柳兰属 *Chamerion*

别名：糯芋、火烧兰、铁筷子

特征：多年丛生草本。根状茎长达2米，粗达2厘米，木质化；茎高20~130厘米。叶互生，披针形，无叶柄。披针形总状花序成密集的长穗状顶生，长30~60厘米，有花90~100朵，苞片条形；花大，紫红色，具1~2厘米的花梗；萼筒裂片4枚，条状披针形；花瓣4，基部具爪；雄蕊8，柱头4深裂。蒴果密被贴生的白灰色柔毛，果梗长0.5~1.9厘米。种子狭倒卵状，种缨灰白色，不易脱落。花期6~9月；果期8~10月。

生境：生于岸边、林缘、山谷、林内或森林湿地中。

用途：全草入药，具有消肿利水、下乳、润肠的功效。

杉叶藻

Hippuris vulgaris L.

杉叶藻科 Hippuridaceae
杉叶藻属 *Hippuris*

别名： 螺旋杉叶藻、分枝杉叶藻

特征： 多年生水生草本。全株光滑无毛。有匍匐白色或棕色肉质根茎，生于泥中；沉水中的根茎粗大，圆柱形，茎中具多孔隙贮气组织，白色或棕色，节上生多数须根；露出水面的根茎较沉水根茎细小，节间亦短；茎多节，常带紫红色，高8~150厘米。茎中部叶最长，向上或向下渐短；叶条形或狭长圆形，轮生，羽状脉不明显，先端有一半透明，易断离成二叉状扩大的短锐尖。萼全缘，常带紫色；雄蕊1；果为小坚果状，内有种子1粒；外种皮具胚乳。花期4~9月；果期5~10月。

生境： 生于湖泊、池沼、溪流、江河两岸等浅水外，稻田内等水湿处也有生长。

用途： 本种是湿地常见种，对维持水生生物多样性具有重要价值。

山茱萸科 Cornaceae | 121

沙梾
Cornus bretschneideri L. Henry

山茱萸科 Cornaceae
山茱萸属 *Cornus*

特征：灌木或小乔木。高1~6米。树皮紫红色。幼枝圆柱形，带红色，有稀疏的贴生灰白色短柔毛。叶对生，纸质，卵形、椭圆状卵形或长圆形，长5~8.5厘米，宽2.5~6厘米。伞房状聚伞花序顶生，宽4.5~6厘米，被有贴生灰白色短柔毛；总花梗细圆柱形，长2~4.4厘米；花小，白色；花盘褥状无毛；花柱圆柱形。核果蓝黑色至黑色，近于球形，直径4~5毫米，密被贴生短柔毛；核骨质，卵状扁圆球形，直径约3.5毫米，有几条不明显的条纹。花期6~7月；果期8~9月。

生境：生于杂木林内或灌丛中。

用途：材质坚韧细密，作细木工用材。

峨参

Anthriscus sylvestris (L.) Hoffm.

伞形科 Apiaceae
峨参属 *Anthriscus*

别名：土田七、金山田七、萝卜七

特征：二年生或多年生草本。茎较粗壮，高0.6~1.5米。基生叶有长柄，柄长5~20厘米，基部有长约4厘米，宽约1厘米的鞘；叶片轮廓呈卵形，二回羽状分裂，长10~30厘米，一回羽片有长柄，卵形至宽卵形，长4~12厘米，有二回羽片3~4对，二回羽片有短柄，羽状全裂或深裂，有粗锯齿。背面疏生柔毛；茎上部叶有短柄或无柄，基部呈鞘状，有时边缘有毛。复伞形花序直径2.5~8厘米，伞辐4~15。果实长卵形至线状长圆形，光滑或疏生小瘤点，果柄顶端常有一环白色小刚毛，分生果横剖面近圆形，油管不明显，胚乳有深槽。花果期4~5月。

生境：生于山坡林下或路旁以及山谷溪边石缝中。

用途：根入药，为滋补强壮剂，用于脾虚食胀、肺虚咳喘、水肿等的治疗。

北柴胡

Bupleurum chinensis DC.

伞形科 Apiaceae
柴胡属 *Bupleurum*

别名：竹叶柴胡、硬苗柴胡

特征：多年生草本。高50~85厘米。主根较粗大，棕褐色。茎单一或数茎。基生叶倒披针形或狭椭圆形，基部收缩成柄，早枯落；茎中部叶倒披针形或广线状披针形，有短芒尖头，基部收缩成叶鞘抱茎，叶表面鲜绿色，背面淡绿色，常有白霜；茎顶部叶更小。复伞形花序很多，花序梗细，常水平伸出，形成疏松的圆锥状；总苞片2~3，或无；伞辐3~8；小总苞片5；花柄长1毫米；花直径1.2~1.8毫米；花瓣鲜黄色；花柱基深黄色，宽于子房。果广椭圆形，棕色，棱狭翼状，淡棕色，每棱槽3油管。花期9月；果期10月。

生境：生于向阳的山坡、路边、岸旁或草丛中。

用途：根、茎入药，具有解表退热、疏肝解郁的功效。

红柴胡

Bupleurum scorzonerifolium Willd.

伞形科 Apiaceae
柴胡属 *Bupleurum*

别名：狭叶柴胡、南柴胡

特征：多年生草本植物。高30~60厘米。主根发达，圆锥形，支根稀少，深红棕色，表面略皱缩。茎单一或2~3枝丛生，基部密覆红色纤维状叶基残留物。叶细线形，基生叶下部略收缩成叶柄，质厚，常对折或内卷。伞形花序自叶腋间抽出，花序多；伞辐3~8；总苞片1~3；花瓣黄色，顶端2浅裂；子房主棱明显，表面常有白霜；果广椭圆形，深褐色，棱浅褐色，油管每棱槽中5~6，合生面4~6。花期7~8月；果期8~9月。

生境：生于干燥的草原、向阳山坡上、灌木林边缘。

用途：根入药，可用于表证发热、肝郁气滞、气虚下陷的治疗。

伞形科 Apiaceae | 125

黑柴胡
Bupleurum smithii Wolff

| 伞形科 Apiaceae
| 柴胡属 *Bupleurum*

别名：小五台柴胡、柴胡

特征：多年生草本，常丛生。高25～60厘米。根黑褐色，质松，多分枝。数茎粗壮。叶多，质较厚，基部叶丛生，狭长圆形、长圆状披针形或倒披针形，长10～20厘米，宽1～2厘米，基部渐狭成叶柄，叶基带紫红色，叶脉7～9，叶缘白色，膜质；中部的茎生叶狭长圆形或倒披针形，基部抱茎，叶脉11～15。总苞片1～2或无；伞幅4～9，挺直，不等长，长0.5～4厘米，有明显的棱；小总苞片6～9，卵形至阔卵形，很少披针形，顶端有小短尖头，5～7脉，长过小伞形花序半倍至一倍；小伞花序直径1～2厘米；花瓣黄色。果棕色，棱薄，狭翼状；每棱槽内油管3，合生面3～4。花期7～8月；果期8～9月。

生境：生于湿地、草坡、山谷、山顶阴处。

用途：全草入药，可用于外感发热、寒热往来、肝郁胁痛乳胀、头痛头炫、月经不调、胃下垂等症的治疗。

葛缕子
Carum carvi L.

| 伞形科 Apiaceae
| 葛缕子属 *Carum*

别名：藏茴香
特征：多年生草本。高30~70厘米。根圆柱形，表皮棕褐色。茎通常单生，稀2~8。叶片轮廓长圆状披针形，二至三回羽状分裂，末回裂片线形或线状披针形，无柄或有短柄。无总苞片；伞幅5~10；无小总苞或偶有1~3片，线形；小伞形花序有花5~15，花杂性，花瓣白色或带淡红色。果实长卵形，成熟后黄褐色，果棱明显，每棱槽内油管1，合生面油管2。花果期5~8月。
生境：生于向阳山坡、路旁、湿地或林缘。
用途：果实、根入药，具有祛风理气、散寒止痛的功效。

蛇床

Cnidium monnieri (L.) Cuss.

伞形科 Apiaceae
蛇床属 *Cnidium*

别名：山胡萝卜、蛇米、蛇粟、蛇床子

特征：一年生草本。高10~60厘米。根圆锥状。茎中空，表面具深条棱，粗糙。下部叶具短柄，叶鞘短宽，边缘膜质，上部叶柄全部鞘状；叶片轮廓卵形至三角状卵形，长3~8厘米，宽2~5厘米，2~3回三出式羽状全裂，羽片轮廓卵形至卵状披针形，长1~3厘米，宽0.5~1厘米，末回裂片线形至线状披针形。复伞形花序直径2~3厘米；总苞片6~10；伞幅8~20，不等长，长0.5~2厘米；小伞形花序具花15~20，萼齿无；花瓣白色，先端具内折小舌片。分生果长圆状，横剖面近五角形，主棱5，均扩大成翅；每棱槽内油管1，合生面油管2；胚乳腹面平直。花期4~7月；果期6~10月。

生境：生于田边、路旁、草地及河边湿地。

用途：果实又名"蛇床子"，可入药，具有燥湿、杀虫止痒、壮阳的功效。

独活
Heracleum hemsleyanum Diels

伞形科 Apiaceae
独活属 *Heracleum*

别名： 独滑、长生草
特征： 多年生草本。高1~1.5米。根圆锥形，分枝，淡黄色。茎单一，圆筒形，中空，有纵沟纹和沟槽。叶膜质，茎下部叶一至二回羽状分裂，有3~5裂片，被稀疏的刺毛，尤以叶脉处较多，顶端裂片广卵形，3分裂，长8~13厘米，两侧小叶较小，近卵圆形，3浅裂，边缘有楔形锯齿和短凸尖；茎上部叶卵形，3浅裂至3深裂，长3~8厘米，宽8~10厘米，边缘有不整齐的锯齿。复伞形花序顶生和侧生，花瓣白色，二型；花柱基短圆锥形，花柱较短、柱头头状。果实近圆形，侧棱有翅。花期5~7月，果期8~9月。
生境： 生于山坡阴湿的灌丛林下。
用途： 根入药，可用于风寒湿痹、腰膝酸痛症的治疗。

短毛独活

Heracleum moellendorffii Hance

伞形科 Apiaceae
独活属 *Heracleum*

别名：老桑芹

特征：多年生草本。高 1~2 米。根圆锥形、粗大，多分歧，灰棕色。茎直立，有棱槽。叶有柄，长 10~30 厘米；叶片轮廓广卵形，薄膜质，三出式分裂，裂片广卵形至圆形、心形，不规则的 3~5 裂，长 10~20 厘米，宽 7~18 厘米，裂片边缘具粗大的锯齿，小叶柄长 3~8 厘米；茎上部叶有显著宽展的叶鞘。复伞形花序顶生和侧生，花序梗长 4~15 厘米；总苞片少数，线状披针形；伞幅 12~30，不等长；小总苞片 5~10；花瓣白色，二型。分生果圆状倒卵形，顶端凹陷，背部扁平，有稀疏的柔毛或近光滑，背棱和中棱线状突起，侧棱宽阔；每棱槽内有油管 1，合生面油管 2，棒形，其长度为分生果的一半；胚乳腹面平直。花期 7 月；果期 8~10 月。

生境：生于阴坡山沟旁、林缘或湿地草甸。

用途：全草入药，具有祛风散寒、胜湿止痛的功效。

防风

Saposhnikovia divaricata (Turcz.) Schischk.

伞形科 Apiaceae
防风属 *Saposhnikovia*

别名：铜芸、回草、百枝

特征：多年生草本。高30~80厘米。根粗壮，细长圆柱形，淡黄棕色；根头处被有纤维状叶残基及明显的环纹。茎单生，自基部分枝较多，有扁长的叶柄，基部有宽叶鞘。叶片卵形或长圆形，二回或近于三回羽状分裂，第一回裂片卵形或长圆形，第二回裂片下部具短柄；茎生叶有宽叶鞘。复伞形花序多数；伞幅5~7；小伞形花序有花4~10；无总苞片；小总苞片4~6；花瓣倒卵形，白色，具内折小舌片。双悬果狭圆形或椭圆形；每棱槽内通常有油管1，合生面油管2。花期8~9月；果期9~10月。

生境：生于丘陵、湿地草甸、多砾石山坡。
用途：根入药，具有祛风解表、胜湿止痛的功效。

伞形科 Apiaceae | 131

泽芹
Sium suave Walt.

伞形科 Apiaceae
泽芹属 *Sium*

别名：山藁本
特征：多年生草本。高60~120厘米。有成束的纺锤状根和须根。茎直立，粗大，有条纹。叶片轮廓呈长圆形至卵形，一回羽状分裂，有羽片3~9对，羽片披针形至线形，边缘有细锯齿或粗锯齿；上部的茎生叶较小，有3~5对羽片，形状与基部叶相似。复伞形花序顶生和侧生；总苞片6~10，尖锐，全缘或有锯齿，反折；小总苞片线状披针形；伞幅10~20；花白色。果实卵形，分生果的果棱肥厚，近翅状；每棱槽内油管1~3，合生面油管2~6。花期8~9月；果期9~10月。
生境：生于草甸湿地、沼泽、溪边、水边较潮湿处。
用途：全草入药，具有散风寒、降血压的功效。

小窃衣

Torilis japonica (Houtt.) DC.

伞形科 Apiaceae
窃衣属 *Torilis*

别名：大叶山胡萝卜、破子草
特征：一年或多年生草本。高20~120厘米。主根细长，圆锥形，棕黄色，支根多数。茎有纵条纹及刺毛。叶柄长2~7厘米，下部有窄膜质的叶鞘；叶片长卵形。花柱幼时直立，果熟时向外反曲。果实圆卵形，长1.5~4毫米，宽1.5~2.5毫米。花果期4~10月。
生境：生于杂木林下、林缘、路旁、河沟边以及溪边草丛。
用途：果和根可入药，果含精油，能驱蛔虫，可用于制作外用消炎药。

迎红杜鹃
Rhododendron mucronulatum Turcz.

杜鹃花科 Ericaceae
杜鹃花属 *Rhododendron*

别名：迎山红、尖叶杜鹃

特征：落叶灌木。高1~2米，分枝多。叶片质薄，椭圆形或椭圆状披针形，上面疏生鳞片，下面鳞片大小不等，褐色，相距为其直径的2~4倍；叶柄长3~5毫米。花序腋生枝顶或假顶生，1~3花，先叶开放，伞形着生；花芽鳞宿存；花萼5裂，被鳞片，无毛或疏生刚毛；花冠宽漏斗状，淡红紫色，外面被短柔毛，无鳞片；雄蕊10，稍短于花冠；子房5室，密被鳞片。蒴果长圆形，先端5瓣开裂。花期4~6月；果期5~7月。

生境：生于山地灌丛。

用途：叶入药，具有解表、化痰、止咳、平喘的功效。是优良的盆景材料。

白花点地梅

Androsace incana Lam.

报春花科 Primulaceae
点地梅属 Androsace

别名： 白毛点地梅

特征： 多年生草本。由着生于根出条上的莲座状叶丛形成密丛。莲座状叶丛直径6~10毫米，基部有黄褐色枯叶；叶近等长或内层叶较外层叶稍长，披针形、狭舌形或狭倒披针形，质地稍厚，两面上半部均被白色长柔毛。花葶单一，被长柔毛，花1~4朵生于花葶端；苞片披针形至阔线形，与花梗、花萼均被白色长柔毛；花梗通常短于苞片或有时与苞片近等长；花萼钟状，分裂近达中部，裂片狭三角形，先端锐尖或稍钝；花冠白色或淡黄色，喉部紧缩，紫红色或黄色，有环状突起。蒴果长圆形，稍长于花萼。花期5~6月。

生境： 生于湿地草甸和向阳的山坡上。

用途： 全草入药，具有除湿利尿的功效。

粉报春

Primula farinosa L.

报春花科 Primulaceae
报春花属 *Primula*

别名：红花粉叶报春、长白山报春

特征：多年生草本。叶丛生。叶柄甚短；叶长圆状倒卵形、窄椭圆形或长圆状披针形，先端近圆或钝，基部渐窄，具稀疏小牙齿或近全缘，下面被青白色或黄色粉。花葶高0.3~3厘米，无毛；伞形花序顶生，通常多花；苞片长3~8毫米，基部成浅囊状；花梗长0.3~1.5厘米；花萼钟状，长4~6毫米，具5棱，分裂达全长1/3~1/2，裂片卵状长圆形或三角形，有时带紫黑色，边缘具短腺毛；花冠淡紫红色，冠筒长5~6毫米，冠檐径0.8~1厘米，裂片楔状倒卵形，先端2深裂。蒴果筒状，长于花萼。花期5~6月。

生境：生于低湿草地、沼泽化草甸和沟谷灌丛中。

用途：全草入药，具有消肿解毒的功效，用于疖疮、创伤的治疗。

胭脂花
Primula maximowiczii Regel

报春花科 Primulaceae
报春花属 *Primula*

别名： 紫茉莉、段报春

特征： 多年生草本，全株无粉。根状茎具多数长根。叶丛基部无鳞片。叶倒卵状椭圆形、狭椭圆形至倒披针形，边缘具三角形小牙齿；叶柄具膜质宽翅，有时与叶柄近等长。花葶稍粗壮，高20~70厘米；伞形花序1~3轮，几每轮6~20花；苞片披针形，先端渐尖，基部互相连合；花梗长1~4厘米；花萼狭钟状，分裂达全长的1/3，裂片三角形，边缘具腺状小缘毛；花冠暗朱红色，冠筒管状，裂片狭矩圆形，全缘，通常反折贴于冠筒上；长花柱花雄蕊着生于冠筒中下部，花柱长近达冠筒口；短花柱花雄蕊着生于冠筒上部。蒴果稍长于花萼。花期5~6月；果期7月。

生境： 生于林下和林缘湿润处。

用途： 根入药，具有利尿、泻热、活血散瘀的功效，用于淋浊、带下、肺痨吐血、痈疽发背、急性关节炎的治疗。

白花丹科 Plumbaginaceae | 137

二色补血草
Limonium bicolor (Bunge) Kuntze

白花丹科 Plumbaginaceae
补血草属 *Limonium*

别名：燎眉蒿、补血草

特征：多年生草本。高20～50厘米。全株（除萼外）无毛。叶基生，花期叶常存在，匙形至长圆状匙形，先端通常圆或钝，基部渐狭成平扁的柄。花序圆锥状；花序轴单生，有时具沟槽，末级小枝二棱形；外苞长圆状宽卵形（草质部呈卵形或长圆形）；萼长6～7毫米，漏斗状，萼檐初时淡紫红色或粉红色，后来变白色，裂片宽短而先端通常圆，间生裂片明显，脉不达于裂片顶缘（向上变为无色）；花冠黄色。花期5（下旬）～7月；果期6～8月。

生境：生于含盐的钙质土上或沙地、湖畔、山坡、草甸及沙丘等处。

用途：全草入药，具有补血、止血、散瘀、益脾、健胃的功效。

紫丁香
Syringa oblata Lindl.

木樨科 Oleaceae | 丁香属 *Syringa*

别名：白丁香、毛紫丁香、华北紫丁香

特征：灌木或小乔木。高可达5米。树皮灰褐色或灰色。小枝较粗，疏生皮孔。叶片革质或厚纸质，卵圆形至肾形，长2～14厘米，宽2～15厘米，基部心形、截形至近圆形，或宽楔形；叶柄长1～3厘米。圆锥花序直立，长4～16（～20）厘米，宽3～7（～10）厘米；花冠紫色，长1.1～2厘米，花冠管圆柱形，长0.8～1.7厘米，裂片呈直角开展，卵圆形、椭圆形至倒卵圆形，长3～6毫米，先端内弯略呈兜状或不内弯；花药黄色。果倒卵状椭圆形、卵形至长椭圆形，长1～1.5（～2）厘米。花期4～5月；果期6～10月。

生境：生于山坡丛林、山沟溪边、山谷路旁及滩地水边。

用途：叶入药，味苦、性寒，具有清热燥湿的功效。

龙胆科 Gentianaceae | 139

扁蕾
Gentianopsis barbata (Froel.) Ma

龙胆科 Gentianaceae
扁蕾属 *Gentianopsis*

别名： 剪帮龙胆

特征： 一年生或二年生草本。高8～40厘米。茎单生，上部有分枝，条棱明显。基生叶多对，常早落，匙形或线状倒披针形，边缘具乳突，基部渐狭成柄；茎生叶3～10对，无柄，狭披针形至线形，边缘具乳突，中脉在下面明显。花单生茎或分枝顶端；花梗直立，近圆柱形，有明显的条棱；花萼筒状，略短于花冠，或与花冠筒等长，裂片2对，不等长，异形，具白色膜质边缘，萼筒长10～18毫米，口部宽6～10毫米；花冠筒状漏斗形，筒部黄白色，檐部蓝色或淡蓝色，裂片椭圆形，先端圆形，有小尖头，边缘有小齿；花药黄色；子房具柄，花柱短。蒴果具短柄。花果期7～9月。

生境： 生于灌丛中、水沟边、山坡草地、林下、沙丘边缘。

用途： 全草入药，具有清热解毒的功效。

达乌里秦艽
Gentiana dahurica Fischer

龙胆科 Gentianaceae
龙胆属 *Gentiana*

别名： 小叶秦艽、达乌里龙胆

特征： 多年生草本。高10~25厘米。全株光滑无毛，基部被枯存的纤维状叶鞘包裹。枝多数丛生，黄绿色或紫红色。莲座丛叶披针形或线状椭圆形；茎生叶少数，线状披针形至线形，边缘粗糙，叶脉1~3条。聚伞花序顶生及腋生，排列成疏松的花序；花梗黄绿色或紫红色；花萼筒膜质，黄绿色或带紫红色；裂片5，绿色；花冠深蓝色，有时喉部具多数黄色斑点；雄蕊着生于冠筒中下部；子房无柄；头2裂。蒴果内藏，无柄；种子有光泽，表面有细网纹。花果期7~9月。

生境： 生于田边、河滩、水沟边、路旁、湖边沙地、向阳山坡和干草原地。

用途： 根入药，具有清虚热、祛风湿、止痹痛、利湿褪黄等功效。

秦艽

Gentiana macrophylla Pall.

龙胆科 Gentianaceae
龙胆属 *Gentiana*

别名： 左拧根、大叶龙胆、大叶秦艽

特征： 多年生草本。高30~60厘米。基部被枯存的纤维状叶鞘包裹。枝少数丛生。莲座丛叶卵状椭圆形或狭椭圆形，边缘平滑，叶脉5~7条；茎生叶椭圆状披针形或狭椭圆形。花多数，无花梗；花萼筒膜质，黄绿色或有时带紫色，一侧开裂呈佛焰苞状；萼齿4~5个；花冠筒部黄绿色，冠檐蓝色或蓝紫色，壶形；雄蕊着生于冠筒中下部，整齐；子房无柄，柱头2裂，裂片矩圆形。蒴果内藏或先端外露，卵状椭圆形；种子红褐色，有光泽，表面具细网纹。花果期7~10月。

生境： 生于路边、河滩和草坡。

用途： 根入药，具有清热利尿、祛风除湿、活血舒筋的功效。

花锚

Halenia corniculata (L.) Cornaz

龙胆科 Gentianaceae
花锚属 *Halenia*

别名： 金锚

特征： 一年生草本。直立，高20~70厘米。根具分枝，黄色或褐色。茎近四棱形，具细条棱，从基部起分枝。基生叶倒卵形或椭圆形，基部楔形、渐狭呈宽扁的叶柄；茎生叶椭圆状披针形或卵形，基部宽楔形或近圆形，全缘，叶脉3条，在下面沿脉疏生短硬毛，无柄或具极短而宽扁的叶柄，两边疏被短硬毛。聚伞花序顶生和腋生；花梗长0.5~3厘米；花4数，直径1.1~1.4厘米；花萼裂片狭三角状披针形，先端渐尖，具1脉，两边及脉粗糙，被短硬毛；花冠黄色、钟形，裂片卵形或椭圆形；雄蕊内藏；子房纺锤形，柱头2裂，外卷。蒴果卵圆形，淡褐色；种子褐色，椭圆形或近圆形。花果期7~9月。

生境： 生于山坡草地、林下及林缘。

用途： 全草入药，具有清热解毒、凉血止血的功效，用于肝炎、脉管炎等症的治疗。

荇菜
Nymphoides peltata (S. G. Gmelin) Kuntze

睡菜科 Menyanthaceae
荇菜属 *Nymphoides*

别名：凫葵、水荷叶、杏菜
特征：多年生水生草本。茎圆柱形，多分枝，密生褐色斑点。上部叶对生，下部叶互生，叶片飘浮，近革质，圆形或卵圆形，下面紫褐色。花常多数，簇生节上，花冠金黄色，冠筒短。蒴果无柄，椭圆形；种子大，褐色，椭圆形。花果期4~10月。
生境：生于池沼、湖泊、沟渠、稻田、河流或河口的平稳水域。
用途：全草入药，具有清热利尿、消肿解毒的功效。

蓬子菜
Galium verum L.

茜草科 Rubiaceae
拉拉藤属 Galium

别名： 黄牛尾
特征： 多年生直立草本。根圆柱形，稍木质。根茎粗短；茎丛生，基部稍木质化，四棱形，幼时有柔毛。叶6~10片，轮生；无柄；叶片线形，先端急尖，上面稍有光泽，边缘反卷。聚伞花序集成顶生的圆锥花序状，稍紧密；花序梗有灰白色细毛；花具短柄；萼筒全部与子房愈合，无毛；花冠辐状，淡黄色，花冠筒极短，裂片4，卵形，雄蕊4，子房2室；花柱2，柱头头状。双头果扁球形。花期6~7月；果期8~9月。
生境： 生于山坡灌丛及旷野草地。
用途： 全草入药，具有清热解毒、活血通经、祛风止痒的功效。

花荵科 Polemoniaceae | 145

花荵
Polemonium caeruleum L.

花荵科 Polemoniaceae
花荵属 *Polemonium*

别名： 电灯花、灯音花儿（蒙名）

特征： 多年生草本。根匍匐，圆柱状，多纤维状须根。茎直立，高0.5～1米，无毛或被疏柔毛。羽状复叶互生，茎下部叶长可达20厘米，茎上部叶长7～14厘米，小叶互生，11～21片，长卵形至披针形，全缘，无小叶柄。聚伞圆锥花序顶生或上部叶腋生，疏生多花；花梗连同总梗密生短的或疏长腺毛；花萼钟状；花冠紫蓝色，钟状，裂片倒卵形，边缘有疏或密的缘毛或无缘毛；雄蕊着生于花冠筒基部之上，花丝基部簇生黄白色柔毛；子房球形。花期6～7月；果期7～8月。

生境： 生于山坡草丛、山谷疏林下、路边灌丛及溪流湿地。

用途： 根茎或全草入药，具有化痰、安神、止血的功效。

打碗花
Calystegia hederacea Wall.

旋花科 Convolvulaceae
打碗花属 *Calystegia*

别名：老母猪草、喇叭花、兔耳草

特征：一年生草本。全体不被毛，植株高8～40厘米，常自基部分枝。茎细，平卧。基部叶片长圆形，长2～5.5厘米，宽1～2.5厘米，顶端圆，基部戟形，上部叶片3裂，中裂片长圆形或长圆状披针形，侧裂片近三角形，全缘或2～3裂，叶片基部心形或戟形；叶柄长1～5厘米。花腋生，1朵，花梗长于叶柄，有细棱；苞片宽卵形，长0.8～1.6厘米，顶端钝或锐尖至渐尖；萼片长圆形；花冠淡紫色或淡红色，钟状，长2～4厘米，冠檐近截形或微裂；柱头2裂。种子表面有小疣。花果期5～8月。

生境：生于山坡草丛、山谷疏林下、路边灌丛及溪流湿地。

用途：根茎入药，具有健脾益气、利尿、调经、止带等功效。

旋花科 Convolvulaceae | 147

田旋花
Convolvulus arvensis L.

旋花科 Convolvulaceae
旋花属 *Convolvulus*

别名： 小旋花、中国旋花、野牵牛

特征： 多年生草本。高可达15厘米。根状茎横走；茎平卧或缠绕。叶卵状长圆形至披针形，基部大多戟形，或箭形及心形，全缘或3裂；叶柄较叶片短；叶脉羽状，基部掌状。花序腋生，总梗长3~8厘米，1花或有时2~3花至多花；苞片2；萼片有毛，2个外萼片稍短，内萼片近圆形；花冠宽漏斗形，白色或粉红色，5浅裂；雄蕊5，具小鳞毛；雌蕊较雄蕊稍长，子房有毛，2室，每室2胚珠，柱头2，线形。蒴果卵状球形；种子4粒。花期5~8月；果期7~9月。

生境： 生于山坡草丛、山谷疏林下、路边灌丛及溪流湿地。

用途： 全草入药，具有调经活血、滋阴补虚的功效。

圆叶牵牛

Ipomoea purpurea Lam.

旋花科 Convolvulaceae
番薯属 *Ipomoea*

别名： 紫花牵牛、打碗花、连簪簪

特征： 一年生缠绕草本。茎上被倒向的短柔毛并杂有倒向或开展的长硬毛。叶圆心形或宽卵状心形，长4~18厘米，宽3.5~16.5厘米，基部圆，心形；叶柄长2~12厘米。花腋生，单一或2~5朵着生于花序梗顶端成伞形聚伞花序，花序梗长4~12厘米；花梗长1.2~1.5厘米，被倒向短柔毛及长硬毛；萼片近等长，长1.1~1.6厘米，外面3枚长椭圆形，渐尖，内面2枚线状披针形，外面均被开展的硬毛，基部更密；花冠漏斗状，长4~6厘米，紫红色、红色或白色，花冠管通常白色，瓣中带于内面色深，外面色淡；雄蕊与花柱内藏；子房无毛，3室，每室2胚珠。蒴果近球形，3瓣裂。种子卵状三棱形，被极短的糠秕状毛。花期5~10月，果期8~11月。

生境： 生于山坡草丛、山谷疏林下、路边灌丛及溪流湿地。

用途： 种子入药，具有泻下利水、消肿散积的功效。

紫草科 Boraginaceae | 149

大果琉璃草
Cynoglossum divaricatum Stephan ex Lehmann

紫草科 Boraginaceae
琉璃草属 *Cynoglossum*

特征： 多年生草本。高25~100厘米。具红褐色粗壮直根。茎直立，由上部分枝，分枝开展，被向下贴伏的柔毛。基生叶和茎下部叶长圆状披针形或披针形，长7~15厘米，宽2~4厘米，灰绿色，上下面均密生贴伏的短柔毛；茎中部及上部叶无柄，狭披针形。花序顶生及腋生，长约10厘米，花稀疏，集为疏松的圆锥状花序；苞片狭披针形或线形；花梗细弱，长3~10毫米，花后伸长，果期长2~4厘米，下弯，密被贴伏柔毛；花冠蓝紫色，长约3毫米，檐部直径3~5毫米，深裂至下1/3，先端微凹，喉部有5个梯形附属物；花药卵球形；花柱肥厚，扁平。小坚果卵形，密生锚状刺。花期6~7月；果期8月。
生境： 生于山坡、湿地、沙丘、石滩及路边。
用途： 根入药，具有清热解毒的功效，用于扁桃体炎及疮疖痈肿的治疗。

勿忘草

Myosotis alpestris F. W. Schmidt

紫草科 Boraginaceae
勿忘草属 *Myosotis*

别名：勿忘我、星辰花、不凋花

特征：多年生草本。茎直立，单一或数条簇生，高20~45厘米，通常具分枝，疏生开展的糙毛，有时被卷毛。基生叶和茎下部叶有柄，狭倒披针形、长圆状披针形或线状披针形，长达8厘米，宽5~12毫米，两面被糙伏毛，毛基部具小型的基盘。花序在花期短，花后伸长，长达15厘米，无苞片；花萼长1.5~2.5毫米，果期增大，深裂为花萼长度的2/3~3/4；花冠蓝色，直径6~8毫米，筒部长约2.5毫米，裂片5，近圆形，长约3.5毫米，喉部附属物5，高约0.5毫米；花药椭圆形，先端具圆形的附属物。小坚果卵形，周围具狭边，但顶端较明显，基部无附属物。花果期6~8月。

生境：生于山地林缘或林下、山坡或草地等处。

用途：本种含有较多的维生素，能够调理人体的新陈代谢。

水棘针
Amethystea caerulea L.

唇形科 Lamiaceae
水棘针属 *Amethystea*

别名：细叶山紫苏、土荆芥

特征：一年生草本。高0.3～1米，呈金字塔形分枝。茎四棱形，紫色、灰紫黑色或紫绿色，以节上较多。叶柄紫色或紫绿色，有沟，具狭翅，被疏长硬毛；叶片三角形或近卵形，3深裂。花序为由松散具长梗的聚伞花序所组成的圆锥花序；苞叶与茎叶同形，变小；小苞片微小，线形，具缘毛；花梗短；花萼钟形，具10脉，萼齿5；果时花萼增大；花冠蓝色或紫蓝色；雄蕊4。小坚果倒卵状三棱形。花期8～9月；果期9～10月。

生境：生于田边旷野、河岸沙地、开阔路边及溪旁。

用途：全草入药，具有疏风解表、宣肺平喘的功效，主治感冒、咳嗽气喘。

毛建草

Dracocephalum rupestre Hance

唇形科 Lamiaceae
青兰属 *Dracocephalum*

别名：毛尖、毛尖茶、岩青兰
特征：多年生草本。根茎直，生出多数茎。茎四棱形，常带紫色。基出叶多数，具常柄，被不密的伸展白色长柔毛，叶片三角状卵形，基部常为深心形，边缘具圆锯齿，两面疏被柔毛；茎中部叶具明显的叶柄，叶柄长2~6厘米；花序处之叶变小，具鞘状短柄。轮伞花序密集，通常成头状，腋多具花轮，甚至个别的有分枝花序；花具短梗；苞片每侧具4~6带长1~2毫米刺的小齿，小者倒披针形且每侧有2~3带刺小齿；花萼常带紫色，2裂至2/5处，上唇3裂至基部，中齿倒卵状椭圆形，侧齿披针形；花冠紫蓝色。花期7~9月。
生境：生于高山草原、草坡或疏林下阳处。
用途：全草入药，具有解热消炎、凉肝止血的功效。嫩叶经粗加工后制成"毛尖茶"，茶品香醇味浓。

密花香薷
Elsholtzia densa Benth.

唇形科 Lamiaceae
香薷属 *Elsholtzia*

别名：蟋蟀巴、臭香茹、时紫苏、咳嗽草

特征：多年生草本。高20~60厘米，密生须根。茎直立，自基部多分枝，分枝细长；茎及枝均四棱形，具槽，被短柔毛。叶长圆状披针形至椭圆形，草质，上面绿色，下面较淡；叶柄背腹扁平，被短柔毛。穗状花序长圆形或近圆形，密被紫色串珠状长柔毛，由密集的轮伞花序组成；花萼钟状，萼齿5，后3齿稍长，近三角形，果时花萼膨大；花冠小，淡紫色，外面及边缘密被紫色串珠状长柔毛，冠筒向上渐宽大，冠檐二唇形；雄蕊4。花果期7~10月。

生境：生于林缘、高山草甸、山坡及荒地。

用途：全草入药，具有发汗解表、化湿和中、利水消肿的功效。

益母草
Leonurus japonicus Houttuyn

唇形科 Lamiaceae
益母草属 *Leonurus*

别名： 益母夏枯、森蒂、野麻、灯笼草、地母草、玉米草

特征： 一年生或二年生草本。有于其上密生须根的主根。茎直立，通常高30~120厘米，钝四棱形，微具槽。叶轮廓变化很大，茎下部叶轮廓为卵形，基部宽楔形，掌状3裂，叶脉突出，叶柄纤细；茎中部叶轮廓为菱形，通常分裂成3枚长圆状线形的裂片，基部狭楔形。花序最上部的苞叶近于无柄，线形或线状披针形；轮伞花序腋生，具8~15花，轮廓为圆球形，多数远离而组成长穗状花序；小苞片刺状；花萼管状钟形，5脉，齿5；花冠粉红色至淡紫红色，等大；蕊4；花盘平顶。小坚果长圆状三棱形，淡褐色，光滑。花期6~9月；果期9~10月。

生境： 生于野荒地、路旁、田埂、山坡草地、河边的向阳处。

用途： 全草入药，具有活血调经、利水消肿、清热解毒的功效。

唇形科 Lamiaceae | 155

细叶益母草

Leonurus sibiricus L.

唇形科 Lamiaceae
益母草属 *Leonurus*

别名： 四美草、风葫芦草

特征： 一年生或二年生草本。主根圆锥形。茎直立，高20~80厘米，钝四棱形，有短而贴生的糙伏毛。茎最下部的叶早落，中部的叶轮廓为卵形，掌状3全裂，裂片呈狭长圆状菱形，其上再羽状分裂成3裂的线状小裂片；叶柄纤细。花序最上部的苞叶轮廓近于菱形，3全裂成狭裂片，中裂片通常再3裂，小裂片均为线形；轮伞花序腋生，多花，花时轮廓为圆球形；小苞片刺状，向下反折；花冠粉红色至紫红色，内面近基部1/3有近水平向的鳞毛状的毛环，冠檐二唇形；雄蕊4。小坚果长圆状三棱形。花期7~9月；果期9月。

生境： 生于石质及沙质草地上及松林中。

用途： 全草入药，具有活血调经、利尿消肿、清热解毒的功效。

薄荷
Mentha canadensis L.

唇形科 Lamiaceae
薄荷属 *Mentha*

别名：野薄荷、夜息香

特征：多年生草本。茎高30～60厘米，锐四棱形，多分枝。叶片长圆状披针形、披针形、椭圆形或卵状披针形，边缘在基部以上疏生粗大的牙齿状锯齿；沿脉上密生余部疏生微柔毛，上面淡绿色；叶柄腹凹背凸，被微柔毛。轮伞花序腋生，轮廓球形；花梗纤细，被微柔毛或近于无毛；花萼管状钟形，外被微柔毛及腺点，萼齿5；花冠淡紫色，外面略被微柔毛，内面在喉部以下被微柔毛，冠檐4裂，上裂片先端2裂，较大，其余3裂片近等大，长圆形，先端钝。花期7～9月；果期10月。

生境：生于水边潮湿地。

用途：全草入药，用于感冒发热、肌肉疼痛、皮肤风疹瘙痒、麻疹不透等症的治疗。幼嫩茎尖可作菜食。

康藏荆芥
Nepeta prattii Lévl.

唇形科 Lamiaceae
荆芥属 *Nepeta*

别名：野藿香

特征：多年生草本。茎高70～90厘米，四棱形，具细条纹，被倒向短硬毛或变无毛，其间散布淡黄色腺点。叶卵状披针形、宽披针形至披针形，边缘具密的牙齿状锯齿，上面橄榄绿色，下面淡绿色，侧脉每侧6～8。轮伞花序生于茎、枝上部3～9节上，顶部的3～6密集成穗状，多花而紧密；苞叶与茎叶同形，被腺微柔毛及黄色小腺点，具睫毛；花萼喉部极斜，上唇3齿宽披针形或披针状长三角形，下唇2齿狭披针形；花冠紫色或蓝色，外疏被短柔毛，冠筒微弯。小坚果倒卵状长圆形。花期7～10月；果期8～11月。

生境：生于山坡草地、湿润处。

用途：鲜嫩茎叶供作蔬菜食用，而且富含芳香油，可驱虫灭菌。

多裂叶荆芥

Nepeta multifida L.

唇形科 Lamiaceae
荆芥属 *Nepeta*

别名：裂叶荆芥

特征：多年生草本。根茎木质，由其上发出多数萌株。叶卵形，羽状深裂或分裂，有时浅裂至近全缘，裂片线状披针形至卵形，坚纸质，上面橄榄绿色，被微柔毛，下面白黄色，被白色短硬毛；叶柄通常长约1.5厘米。花序为由多数轮伞花序组成的顶生穗状花序，长6~12厘米，连续；苞片叶状，下部的较大，上部的渐变小，变紫色，较花长，小苞片卵状披针形或披针形，带紫色，与花等长或略长；花萼紫色，基部带黄色，具15脉，齿5，三角形。小坚果扁长圆形，腹部略具棱，褐色，平滑，基部渐狭。花期7~9月；果期9月以后。

生境：生于松林林缘、山坡草丛中或湿润的草原上。

用途：全株含芳香油，油透明、淡黄色，味清香，适于制香皂用。

串铃草

Phlomoides mongolica (Turcz.) Kamelin & A. L. Budantzev

唇形科 Lamiaceae
糙苏属 *Phlomoides*

别名：野洋芋

特征：多年生草本。根木质，粗厚，须根常作圆形、长圆形或纺锤的块根状增粗。茎高40～70厘米，节上较密。叶基生，上面被星状毛及单毛。轮伞花序多花密集，彼此分离；苞片线状钻形，与萼等长，坚硬，上弯，先端刺状；花萼管状，齿圆形，先端微凹，先端具刺尖，齿间具2小齿，边缘被疏柔毛；花冠紫色，长约2.2厘米，冠筒外面在中下部无毛，内面具毛环，冠檐二唇形，上唇长约1厘米，边缘流苏状，自内面被髯毛，下唇3圆裂，中裂片圆倒卵形。花期5～9月；果期7月以后。

生境：生于山坡草地上。

用途：全草入药，具有祛风除湿、活血止痛的功效。

黄芩
Scutellaria baicalensis Georgi

唇形科 Lamiaceae
黄芩属 *Scutellaria*

别名：香水水草、黄筋子、芩茶

特征：多年生草本。高达1.2米。根茎肉质，径达2厘米，分枝；茎分枝，近无毛，或被向上至开展微柔毛。叶披针形或线状披针形，全缘，两面无毛或疏被微柔毛，下面密被凹腺点；叶柄长约2毫米。顶生总状花序长7~15厘米；下部苞叶叶状，上部卵状披针形或披针形；花梗长约3毫米，被微柔毛；花冠紫红或蓝色，密被腺柔毛，冠筒近基部膝曲，下唇中裂片三角状卵形。小坚果黑褐色，卵球形，被瘤点，腹面近基部具脐状突起。花期7~8月；果期8~9月。

生境：生于向阳草坡地、休荒地上。

用途：根茎可用于制作清凉性解热消炎药。茎秆可供提制芳香油，亦可代茶用而被称为芩茶。

并头黄芩

Scutellaria scordifolia Fisch. ex Schrenk.

唇形科 Lamiaceae
黄芩属 *Scutellaria*

别名：头巾草、山麻子

特征：多年生草本。高达36厘米。茎带淡紫色，近无毛或棱上疏被曲柔毛。叶三角状卵形或披针形，基部浅心形或近平截，具浅锐牙齿，上面无毛，下面沿脉疏被柔毛或近无毛，被腺点或无腺点；叶柄被柔毛。花单生于茎上部的叶腋内，偏向一侧；花梗近基部有1对长约1毫米的针状小苞片；花萼开花时长3~4毫米，果时花萼长4.5毫米；花冠蓝紫色，外面被短柔毛，内面无毛；冠筒基部浅囊状膝曲，向上渐宽；冠檐二唇形，上唇盔状，先端微缺；雄蕊4，均内藏；子房4裂。小坚果黑色，具瘤状突起。花期6~8月；果期8~9月。

生境：生于草地或湿草甸。

用途：全草入药，具有清热解毒、泻热利尿的功效。

百里香
Thymus mongolicus Ronn.

唇形科 Lamiaceae
百里香属 Thymus

别名：地角花、地椒叶、千里香

特征：多年生草本。茎多数，匍匐至上升。营养枝被短柔毛；花枝长达10厘米，上部密被倒向或稍平展柔毛，具2~4对叶。叶卵形，先端钝或稍尖，基部楔形，两面无毛，被腺点。花序头状；花萼管状钟形或窄钟形，下部被柔毛，上部近无毛，上唇齿长不及唇片1/3，三角形，下唇较上唇长或近等长；花冠紫红色、紫色或粉红色，疏被短柔毛。小坚果近球形或卵球形，稍扁。花期7~8月。

生境：生于石山地、斜坡、山谷、山沟、路旁及杂草丛中。

用途：全草入药，具有祛风解表、止痛止咳的功效；还可作调味香料，去腥增香。

天仙子

Hyoscyamus niger L.

茄科 Solanaceae
天仙子属 *Hyoscyamus*

别名：黑莨菪、牙痛子、米罐子

特征：二年生草本。高达1米，全体被黏性腺毛。根较粗壮，肉质而后变纤维质。一年生的茎极短，自根茎发出莲座状叶丛，卵状披针形或长矩圆形，边缘有粗牙齿或羽状浅裂；第二年春，茎伸长而分枝，茎生叶卵形或三角状卵形，顶端钝或渐尖，边缘羽状浅裂或深裂，两面除生黏性腺毛外，沿叶脉并生有柔毛。花在茎中部以下单生于叶腋，在茎上端则单生于苞状叶腋内而聚集成蝎尾式总状花序；花萼筒状钟形，5浅裂，花后增大成坛状，有10条纵肋；花冠钟状，黄色而脉纹紫堇色。蒴果包藏于宿存萼内，长卵圆状。花期6～7月；果期8～9月。

生境：生于山坡、路旁、住宅区及河岸沙地。

用途：全草入药，具有镇痛解痉的功效。其花形奇特美丽，可供观赏。

柳穿鱼

Linaria vulgaris subsp. *chinensis* (Bunge ex Debeaux) D. Y. Hong

玄参科 Scrophulariaceae
柳穿鱼属 *Linaria*

别名： 姬金鱼草

特征： 多年生草本。植株高20～80厘米。茎叶无毛。叶通常多数而互生。总状花序，花期短而花密集，果期伸长而果疏离，花序轴及花梗无毛或有少数短腺毛；苞片条形至狭披针形，超过花梗；花冠黄色，上唇长于下唇，卵形，下唇侧裂片卵圆形，中裂片舌状，距稍弯曲，长10～15毫米。蒴果卵球状。花期6～9月。

生境： 生于沙地、山坡草地。

用途： 用于花坛、花境栽培，适合公园、绿地、公路的隔离带成片种植观赏，也可盆栽用于居室装饰。

玄参科 Scrophulariaceae | 165

穗花马先蒿
Pedicularis spicata Pall.

玄参科 Scrophulariaceae
马先蒿属 Pedicularis

特征： 一年生草本。根圆锥形，常有分枝，长可达8厘米，强烈木质化。茎有时单一而植株稀疏，或常自根颈发出多条而使植株显得丛杂；茎枝老时均坚挺。叶基出者至开花时多不存在，多少莲座状；茎生叶多4枚轮生，长圆状披针形，边缘有锯齿与尖刺。穗状花序生于茎枝之端；萼短而钟形，全部膜质透明；花冠红色。蒴果狭卵形，端有刺尖；种子仅5~6粒，脐点明显凹陷，背面宽而圆，两个腹面狭而多少凹陷，端有尖，均有极细的蜂窝状网纹。花期7~9月；果期8~10月。
生境： 生于草地、溪流旁及灌丛中。
用途： 花可入药，具有清热利尿的功效。

红纹马先蒿
Pedicularis striata Pall.

玄参科 Scrophulariaceae
马先蒿属 *Pedicularis*

别名：细叶马先蒿

特征：多年生草本。高达1米。根粗壮，有分枝。茎老时木质化，壮实，密被短卷毛。叶互生，基生者成丛，至开花时常已枯败；茎生叶很多，渐上渐小，至花序中变为苞片；叶片均为披针形，羽状深裂至全裂，中肋两旁常有翅，裂片平展，线形，边缘有浅锯齿，齿有胼胝。萼钟形，薄革质，被疏毛，齿5枚；花冠黄色，具绛红色的脉纹，长25~33毫米，管在喉部以下向右扭旋，使花冠稍稍偏向右方，其长等于盔；盔强大，向端作镰形弯曲。蒴果卵圆形，约含种子16粒；种子极小，黑色。花期6~7月；果期7~8月。

生境：生于高山草原及疏林。

用途：全草入药，用于水肿、遗精、耳鸣、口干舌燥、痈肿等症的治疗。

万叶马先蒿

Pedicularis myriophylla Pall

玄参科 Scrophulariaceae
马先蒿属 *Pedicularis*

别名： 轮叶马先蒿

特征： 一年生草本。根圆锥状而细，长仅2厘米。茎单一，高达40厘米。叶基出者早枯，茎生叶4枚轮生，间有在下部与上部3枚轮生或对生者，有短柄；叶片披针状长圆形，羽状全裂，裂片线状披针形，自身亦作羽状深裂。花序顶生于茎枝，穗状；苞片下部者叶状，中部者基部卵形膨大，无色而有长缘毛，上半部绿色而草质，羽状全裂；花梗在果中伸长达2.5毫米，有自萼上延下的翅，翅上而下渐狭；花冠玫瑰色，管在萼内完全伸直，在萼上而本身近端处向前上方膝屈，向喉部扩大；花柱不伸出。花期6~7月；果期9~10月。

生境： 生于湿地及高山上。

用途： 根可入药，具有益气生津、养心安神的功效。

兔儿尾苗

Pseudolysimachion longifolium (L.) Opiz

玄参科 Scrophulariaceae
穗花属 Pseudolysimachion

别名：长尾婆婆纳、长叶婆婆纳、长叶水苦荬

特征：一年生或越年生草本。茎单生或数支丛生，不分枝或上部分枝，高40～100厘米，无毛或上部有极疏的白色柔毛。叶对生，偶3～4枚轮生，节上有一个环连接叶柄基部，叶腋有不发育的分枝；叶片披针形，渐尖，基部圆钝至宽楔形，有时浅心形；缘为深刻的尖锯齿，常夹有重锯齿；两面无毛或有短曲毛。总状花序常单生，少复出，长穗状，各部分被白色短曲毛；花梗直；花冠紫色或蓝色，筒部长占2/5～1/2，裂片开展；雄蕊伸出。蒴果长约3毫米，无毛。花期6～8月。

生境：生于草甸、山坡草地、林缘草地、桦木林下。

用途：全草入药，具有祛风除湿、解毒止痛等功效。

无柄穗花

Pseudolysimachion rotundum (Nakai) T. Yamazaki

玄参科 Scrophulariaceae
穗花属 *Pseudolysimachion*

别名： 无柄婆婆纳

特征： 多年生草本。株高约45厘米。茎单生或数支丛生，直立或上升，不分枝，下部常密生伸直的白色长毛，少混生黏质腺毛，上部至花序各部密生黏质腺毛，茎常灰色或灰绿色。叶对生，披针形至卵圆形，具锯齿。花紫色、蓝色、粉色或白色；小花径4~6毫米，形成紧密的顶生总状花序，花序长穗状；花梗几乎没有；花冠紫色或蓝色，筒部占1/3长，裂片稍开展，后方1枚卵状披针形，其余3枚披针形；雄蕊略伸出。幼果球状矩圆形，上半部被多细胞长腺毛。花期6~8月。

生境： 生于石灰质草甸及多砾石的山地上。

用途： 花枝优美，是布置多年生花坛的优良材料。

大穗花
Pseudolysimachion dauricum (Steven) Holub

玄参科 Scrophulariaceae
穗花属 *Pseudolysimachion*

别名： 大婆婆纳

特征： 多年生草本。茎单生或数支丛生，直立，高可达1米，不分枝或稀少上部分枝，通常相当地被多细胞腺毛或柔毛。叶对生，在茎节上有1个环连接叶柄基部，叶柄长1~1.5厘米，叶片卵形、卵状披针形或披针形，基部常心形，长2~8厘米，宽1~3.5厘米，两面被短腺毛，边缘具深刻的粗钝齿，常夹有重锯齿，基部羽状深裂过半，裂片外缘有粗齿。总状花序长穗状，各部分均被腺毛；花梗长2~3毫米；花冠白色或粉色，长8毫米，筒部占1/3长，檐部裂片开展，卵圆形至长卵形；雄蕊略伸出。蒴果与萼近等长。花期7~8月。

生境： 生于草地、沙丘及疏林下。

用途： 具有祛风除湿的功效。

玄参科 Scrophulariaceae

地黄

Rehmannia glutinosa (Gaertn.) Libosch. ex Fisch. et Mey.

玄参科 Scrophulariaceae
地黄属 *Rehmannia*

别名：怀庆地黄、生地
特征：多年生草本。高10~30厘米。根茎肉质，鲜时黄色；茎密被灰白色多细胞长柔毛和腺毛，紫红色。叶通常在茎基部集成莲座状，向上则强烈缩小成苞片，或逐渐缩小而在茎上互生；叶片卵形至长椭圆形，上面绿色，下面略带紫色或紫红色，边缘具不规则圆齿或钝锯齿以至牙齿；萼长1~1.5厘米，密被多细胞长柔毛和白色长毛，具10条隆起的脉；萼齿5枚；花冠长3~4.5厘米；花冠筒多少弓曲，外面紫红色；花冠裂片5枚，内面黄紫色，外面紫红色；雄蕊4枚。蒴果卵形至长卵形。花果期4~7月。
生境：生于沙质壤土、荒山坡、山脚、墙边、路旁等处。
用途：根茎入药，具有滋阴补肾、养血、补血、凉血的功效。

草本威灵仙

Veronicastrum sibiricum (L.) Pennell

玄参科 Scrophulariaceae
腹水草属 *Veronicastrum*

别名： 轮叶婆婆纳

特征： 多年生草本。高80~150厘米。根状茎横走，长达13厘米，节间短，多须根；茎直立，圆柱形，不分枝，无毛或略被柔毛。叶4~6枚轮生；无柄；叶片长圆形至宽条形，先端渐尖，边缘有三角状锯齿，两面无毛或疏被柔毛。花序顶生，长尾状，各部分无毛；花梗短；花萼5深裂，裂片不等长，前面最长者约为花冠的一半，钻形；花红紫色、紫色或淡紫色，4裂，裂片宽度不等，花冠筒内面被毛；雄蕊2。蒴果卵形，4瓣裂，两面有沟。花果期7~9月。

生境： 生于路边、山坡草甸及山坡灌丛内。

用途： 全草入药，具有祛风除湿、清热解毒的功效。

角蒿

Incarvillea sinensis Lam.

紫葳科 Bignoniaceae
角蒿属 *Incarvillea*

别名： 羊角草、萝蒿、莪蒿

特征： 一年生至多年生草本。具分枝的茎，高达80厘米。根近木质而分枝。叶互生，二至三回羽状细裂，形态多变异，长4~6厘米，小叶不规则细裂，末回裂片线状披针形。顶生总状花序，疏散，长达20厘米；花梗长1~5毫米；小苞片绿色，线形；花萼钟状，绿色带紫红色，萼齿钻状，萼齿间皱褶2浅裂；花冠淡玫瑰色或粉红色，有时带紫色，钟状漏斗形，基部收缩成细筒，长约4厘米，直径粗2.5厘米，花冠裂片圆形；雄蕊4，2强，着生于花冠筒近基部。蒴果淡绿色，细圆柱形，顶端尾状渐尖，长3.5~10厘米；种子四周具透明的膜质翅，顶端具缺刻。花期5~9月；果期10~11月。

生境： 生于山坡、田野、草甸湿地。

用途： 具有止咳、止痛、通便、润肠、祛风湿、解毒、杀虫的功效。

列当

Orobanche coerulescens Steph.

列当科 Orobanchaceae
列当属 *Orobanche*

别名：兔子拐棍、草苁蓉、北亚列当

特征：二年生或多年生寄生草本。株高（10~）15~40（~50）厘米，全株密被蛛丝状长绵毛。茎直立，具明显的条纹，基部常稍膨大。叶生于茎下部的较密集，上部的渐变稀疏，卵状披针形，长1.5~2厘米，宽5~7毫米，连同苞片和花萼外面及边缘密被蛛丝状长绵毛。花萼长1.2~1.5厘米，2深裂达近基部，每裂片中部以上再2浅裂；花冠深蓝色、蓝紫色或淡紫色，长2~2.5厘米，筒部在花丝着生处稍上方缢缩，口部稍扩大；上唇2浅裂，下唇3裂，裂片近圆形或长圆形。种子不规则椭圆形或长卵形，长约0.3毫米，表面具网状纹饰，网眼底部具蜂巢状凹点。花期4~7月；果期7~9月。

生境：生于沙丘、山坡及河边草地上。

用途：全草药用，具有补肾壮阳、强筋骨、润肠的功效。

黄花列当

Orobanche pycnostachya Hance

列当科 Orobanchaceae
列当属 *Orobanche*

别名：独根草

特征：二年生或多年生草本。株高10~50厘米，全株密被腺毛。茎基部稍膨大。叶卵状披针形或披针形，连同苞片、花萼裂片和花冠裂片外面及边缘密被腺毛。花萼长1.2~1.5厘米，2深裂至基部，每裂片又再2裂，小裂片狭披针形或近线形，不等长；花冠黄色，长2~3厘米，筒中部稍弯曲，在花丝着生处稍上方缢缩；上唇2浅裂，下唇3裂；雄蕊4枚，基部稍膨大并疏被腺毛，向上渐变无毛，缝线被长柔毛；子房长圆状椭圆形，花柱稍粗壮，柱头2浅裂。蒴果长圆形，干后深褐色；种子长圆形，表面具网状纹饰，网眼底部具蜂巢状凹点。花期4~6月；果期6~8月。

生境：生于沙丘、山坡及湿地草原上。

用途：全草入药，具有补肾、强筋、止泻、壮阳的功效。

平车前
Plantago depressa Willd.

车前科 Plantaginaceae
车前属 *Plantago*

别名： 车前草、车茶草

特征： 一年生或二年生草本。直根长，具多数侧根，多少肉质。根茎短。叶基生呈莲座状；叶片纸质，椭圆形、椭圆状披针形或卵状披针形，边缘具浅波状钝齿、不规则锯齿或牙齿；叶柄基部扩大成鞘状。花序3~10个，有纵条纹，疏生白色短柔毛；穗状花序细圆柱状；苞片三角状卵形，内凹；花冠白色，裂片极小，于花后反折；雄蕊着生于冠筒内面近顶端，花药卵状椭圆形或宽椭圆形，新鲜时白色或绿白色；胚珠5。蒴果卵状椭圆形至圆锥状卵形；种子4~5，黄褐色至黑色。花期5~7月；果期7~9月。

生境： 生于湿草地、河滩、阴湿山坡。

用途： 种子入药，具有清热利尿、渗湿通淋、清肝明目的功效。

车前科 Plantaginaceae | 177

大车前
Plantago major L.

车前科 Plantaginaceae
车前属 *Plantago*

别名： 钱贯草、大猪耳朵草

特征： 二年生或多年生草本。须根多数。根茎粗短。叶基生呈莲座状，平卧、斜展或直立；叶片宽卵形至宽椭圆形，长3~18（~30）厘米，宽2~11（~21）厘米，两面疏生短柔毛或近无毛，脉（3~）5~7条；叶柄长（1~）3~10（~26）厘米，基部鞘状，常被毛。花无梗；花萼长1.5~2.5毫米，萼片先端圆形，无毛或疏生短缘毛，边缘膜质，龙骨突不达顶端，前对萼片椭圆形至宽椭圆形，后对萼片宽椭圆形至近圆形。蒴果近球形、卵球形或宽椭圆球形；种子（8~）12~24（~34），具角，黄褐色。花期6~8月；果期7~9月。

生境： 生于草地、草甸、河滩、沟边、沼泽地、山坡路旁、田边或荒地。

用途： 全草和种子均可入药，具有利尿、镇咳、祛痰、止泻、明目等功效。

蓝叶忍冬

Lonicera korolkowii Stapf

忍冬科 Caprifoliaceae
忍冬属 *Lonicera*

特征：落叶灌木。高2~3米，冠幅2.5米。茎直立丛生。枝条紧密，幼枝中空，皮光滑无毛，呈紫红色；老枝的皮为灰褐色。单叶对生，偶有3叶轮生，卵形或椭圆形，全缘，近革质，蓝绿色。花粉红色，对生于叶腋处，形似蝴蝶，有芳香，花朵盛开时向上翻卷，状似飞燕。浆果红色。花期4~5月，新生枝开花期7~8月；果期9~10月。

生境：生于草甸、河滩、沼泽地、山坡路旁、田边或荒地。

用途：叶、花、果均具观赏价值，常植于庭园、公园等地，亦可作绿篱栽植。

异叶败酱

Patrinia heterophylla Bunge

败酱科 Valerianaceae
败酱属 Patrinia

别名：摆子草、追风箭、苦菜、盲菜、窄叶败酱、墓头回

特征：多年生草本。高5~100厘米。根状茎横走。基生叶丛生，长3~8厘米，具长柄，叶片边缘圆齿状或具糙齿状缺刻，具1~5对侧裂片，裂片卵形至线状披针形，顶生裂片常较大，卵形至卵状披针形；茎生叶对生，茎下部叶常2~6对羽状全裂，顶生裂片较侧裂片稍大或近等大，卵形或宽卵形，长7厘米，宽5厘米，中部叶常具1~2对侧裂片，顶生裂片最大，卵形、卵状披针形或近菱形，具圆齿，疏被短糙毛，叶柄长1厘米，上部叶较窄，近无柄。花黄色，组成顶生伞房状聚伞花序，被短糙毛或微糙毛。花期7~9月；果期8~10月。

生境：生于山地岩缝中、草丛中、路边、沙质坡或土坡上。

用途：根含挥发油。根茎和根供药用，药名"墓头回"，具有燥湿、止血的功效。

少蕊败酱

Patrinia monandra C. B. Clarke

| 败酱科 Valerianaceae
| 败酱属 *Patrinia*

别名：山芥花、黄凤仙、单蕊败酱

特征：二年生或多年生草本。高达220厘米。常无地下根茎。单叶对生，长圆形，长4~14.5厘米，宽2~9.5厘米，下部有1~3对侧生裂片，边缘具粗圆齿或钝齿，两面疏被糙毛。聚伞圆锥花序顶生及腋生，常聚生于枝端成宽大的伞房状，宽25厘米，花序梗密被长糙毛；总苞叶线状披针形或披针形，长8.5厘米，不分裂，顶端尾状渐尖，或有时羽状3~5裂，长15厘米，顶生裂片卵状披针形；花小，花梗基部贴生一卵形、倒卵形或近圆形的小苞片；花萼小，5齿状；花冠漏斗形，淡黄色，冠筒长1.2~1.8毫米，基部一侧囊不明显，花冠裂片稍不等形，卵形、宽卵形或卵状长圆形，长0.6~1.8毫米。花期8~9月；果期9~10月。

生境：生于山坡草丛、灌丛中、林下及林缘、田野溪旁、路边。

用途：入药，具有清热解毒、祛痰排脓的功效。

败酱科 Valerianaceae

糙叶败酱
Patrinia scabra Bunge

| 败酱科 Valerianaceae
| 败酱属 *Patrinia*

别名： 墓头回

特征： 多年生草本。茎丛生，茎上部多分枝。叶对生，裂片倒披针形、狭披针形或长圆形。聚伞花序顶生，呈伞房状排列，花小，黄色；花冠合瓣。果实翅状，卵形或近圆形；种子位于中央。本亚种与原亚种（岩败酱）的主要区别在于叶较坚挺，花冠较大，直径达5~6.5毫米，长6.5~7.5毫米；果苞较宽大，长达8毫米，宽6~8毫米，网脉常具2条主脉，极少为3主脉。花期7~9月；果期8~10月。

生境： 生于草原带、森林草原带的石质丘陵坡地石缝中。

用途： 以根入药，具有燥湿、止血的功效。

缬草

Valeriana officinalis L.

败酱科 Valerianaceae
缬草属 *Valeriana*

别名： 五里香、拔地麻、欧缬草、宽叶缬草
特征： 多年生高大草本。高100～150厘米。根状茎粗短呈头状，须根簇生；茎中空，有纵棱。茎生叶卵形至宽卵形，羽状深裂，裂片7～11；中央裂片与两侧裂片近同形且同大小，裂片披针形或条形，基部下延。花序顶生，成伞房状三出聚伞圆锥花序；花冠淡紫红色或白色，花冠裂片椭圆形。瘦果长卵形，基部近平截。花期5～7月；果期6～10月。
生境： 生于山坡草地、林下、河岸边。
用途： 根茎及根供药用，具有祛风、镇痉的功效，用于跌打损伤的治疗。

华北蓝盆花
Scabiosa comosa Roem. et Schult.

川续断科 Dipsacaceae
蓝盆花属 *Scabiosa*

别名：细叶山萝卜、蓝盆花

特征：多年生草本。高40~70cm。茎自基部分枝，具白色卷伏毛。基生叶簇生，有疏钝锯齿；茎生叶对生，羽状深裂至全裂。头状花序，具长柄，花序直径2.5~4厘米；边花二唇形，蓝紫色；中央花筒状，裂片5，近等长。瘦果，椭圆形。花期7~9月；果期9~10月。

生境：生于山坡、草地、丘陵上。

用途：干燥花序入药，具有清热泻火的功效，用于肺热咳喘、肝火头痛、目赤、湿热黄疸的治疗。

北方沙参

Adenophora gmelinii (Spreng.) Fisch.

桔梗科 Campanulaceae
沙参属 *Adenophora*

别名：狭叶沙参、厚叶沙参、柳叶沙参
特征：多年生草本。高30~70厘米。茎单生直立。茎生叶轮生或近轮生，边缘有锯齿；叶片椭圆形、狭椭圆形至条形，基部楔形，顶端急尖至短渐尖，通常两面无毛，极少两面疏生白色细硬毛，边缘具锯齿或具细长锯齿。花序圆锥状，花序分枝短而互生；花梗长不足1厘米；花萼无毛，筒部倒卵状圆锥形，裂片披针形；花冠蓝色、紫色或蓝紫色，钟状；花盘筒状；花柱稍短于花冠。花期8~9月。
生境：生于林缘或沟谷草甸。
用途：根部入药，具有养阴清热、润肺化痰、益胃生津的功效。

石沙参

Adenophora polyantha Nakai

桔梗科 Campanulaceae
沙参属 *Adenophora*

别名：沙参、糙萼沙参、土人参
特征：多年生草本。有白色乳汁。根近胡萝卜形。茎一至数支发自一条茎基上，高20～100厘米。基生叶叶片心状肾形，边缘具不规则粗锯齿，基部沿叶柄下延；茎生叶完全无柄，边缘具疏离而三角形的尖锯齿或几乎为刺状的齿。花序常不分枝而成假总状花序，或有短的分枝而组成狭圆锥花序；花萼筒部倒圆锥状，裂片狭三角状披针形；花冠紫色或深蓝色，钟状，喉部常稍稍收缢，裂片短；花盘筒状；花柱常稍稍伸出花冠。蒴果卵状椭圆形；种子稍扁，有1条带翅的棱。花期8～10月。
生境：生于阳坡开旷草坡或灌丛边。
用途：根部入药，具有养阴清热、润肺化痰、益胃生津的功效。

长柱沙参

Adenophora stenanthina (Ledeb.) Kitag.

桔梗科 Campanulaceae
沙参属 Adenophora

特征：多年生草本。有白色乳汁。根胡萝卜状。茎常数支丛生，高40～120厘米，有时上部有分枝。基生叶心形，边缘有深刻而不规则的锯齿；茎生叶从丝条状到宽椭圆形或卵形，长2～10厘米，宽1～20毫米，全缘或边缘有疏离的刺状尖齿，通常两面被糙毛。花序无分枝，因而呈假总状花序或有分枝而集成圆锥花序；花萼无毛，筒部倒卵状或倒卵状矩圆形，裂片钻状三角形至钻形；花冠细，近于筒状或筒状钟形，5浅裂，长10～17毫米，直径5～8毫米，浅蓝色、蓝色、蓝紫色、紫色；雄蕊与花冠近等长；花盘细筒状；花柱长20～22毫米。蒴果椭圆状，长7～9毫米，直径3～5毫米。花期8～9月。

生境：生于山地草甸草原。

用途：根部入药，具有滋阴润肺的功效。

紫斑风铃草
Campanula punctata Lamarck

桔梗科 Campanulaceae
风铃草属 *Campanula*

别名： 吊钟花、灯笼花、山萤袋

特征： 多年生草本。全体被刚毛，具细长而横走的根状茎。茎直立，粗壮，高20~100厘米，通常在上部分枝。基生叶具长柄，叶片心状卵形；茎生叶下部的有带翅的长柄，上部的无柄，三角状卵形至披针形，边缘具不整齐钝齿。花顶生于主茎及分枝顶端，下垂；花萼裂片长三角形，裂片间有1个卵形至卵状披针形而反折的附属物，边缘有芒状长刺毛；花冠白色，带紫斑，筒状钟形，裂片有睫毛。蒴果半球状倒锥形，脉明显；种子灰褐色，矩圆状，稍扁。花期6~9月；果期9~10月。

生境： 生于山地林中、灌丛及草地中。

用途： 全草入药，用于咽喉炎、头痛等症的治疗。

桔梗

Platycodon grandiflorus (Jacq.) A. DC.

桔梗科 Campanulaceae
桔梗属 *Platycodon*

别名：包袱花、铃铛花

特征：多年生草本。茎高20~120厘米。通常无毛，不分枝。叶全部轮生、部分轮生至全部互生，无柄或有极短的柄，叶片卵形、卵状椭圆形至披针形，上面无毛而绿色，下面常无毛而有白粉，边顶端缘具细锯齿。花单朵顶生，或数朵集成假总状花序，或有花序分枝而集成圆锥花序；花萼筒部半圆球状或圆球状倒锥形，被白粉，5裂，裂片三角形或窄三角形；花冠漏斗状钟形，蓝色或紫色，5裂；雄蕊5，离生，花丝基部扩大成片状，且在扩大部分有毛；无花盘；子房半下位，5室，柱头5裂。蒴果球状、球状倒圆锥形或倒卵状。花期7~9月。

生境：生于阳处草丛、灌丛中，或山林下。

用途：根部入药，具有宣肺、利咽、祛痰、排脓的功效。

菊科 Asteraceae

亚洲蓍
Achillea asiatica Serg.

菊科 Asteraceae
蓍属 *Achillea*

别名： 锯齿草

特征： 多年生草本。有匍匐生根的细根茎；茎直立，高（4～）18～60厘米，具细条纹，被显著的绵状长柔毛，中部叶腋常有缩短的不育枝。头状花序多数，密集成伞房花序，少有成疏松的伞房花序；总苞矩圆形，被疏柔毛；总苞片3～4层，覆瓦状排列，卵形、矩圆形至披针形，顶端钝，背部中间黄绿色，中脉突起，有棕色或淡棕色膜质边缘；托片矩圆状披针形，膜质，边缘透明，上部具疏伏毛，上部边缘棕色；舌状花5朵，管部略扁，具黄色腺点；舌片粉红色或淡紫红色，具3圆齿。花期7～8月；果期8～9月。

生境： 生于山坡草地、河边、草场、林缘湿地。

用途： 全草入药，具有解毒利湿、活血止痛的功效。

蓍

Achillea millefolium L.

菊科 Asteraceae
蓍属 *Achillea*

别名：蚰蜒草、千叶蓍

特征：多年生草本。茎直立，高40～100厘米，有细条纹，通常被白色长柔毛，中部以上叶腋常有缩短的不育枝。下部叶和营养枝的叶长10～20厘米，宽1～2.5厘米。头状花序多数，密集成直径2～6厘米的复伞房状；总苞矩圆形或近卵形，疏生柔毛；总苞片3层，覆瓦状排列，椭圆形至矩圆形，背中间绿色，中脉突起，边缘膜质，棕色或淡黄色；托片矩圆状椭圆形，膜质，背面散生黄色闪亮的腺点，上部被短柔毛；边花5朵；舌片近圆形，白色、粉红色或淡紫红色，顶端2～3齿；盘花两性，管状，黄色，5齿裂，外面具腺点。花果期7～9月。

生境：生于湿草地、荒地及铁路沿线。

用途：全草入药，具有发汗、祛风的功效。叶、花含芳香油，可供制香料。

黄花蒿

Artemisia annua L.

菊科 Asteraceae
蒿属 *Artemisia*

别名：草蒿、青蒿

特征：一年生草本。植株有浓烈的挥发性香气。茎单生，高1~2m，幼时绿色，后变褐色或红褐色，多分枝。叶纸质，绿色；茎下部叶宽卵形或三角状卵形，两面具细小脱落性的白色腺点及细小凹点，三（至四）回栉齿状羽状深裂，每侧有裂片5~10枚；中部叶二（至三）回栉齿状的羽状深裂，小裂片栉齿状三角形；上部叶与苞片叶一（至二）回栉齿状羽状深裂。头状花序球形，多数，直径1.5~2.5cm，有短梗，下垂或倾斜；总苞片3~4层；花深黄色，雌花10~18朵，两性花10~30朵，花冠管状。花果期8~11月。

生境：生于森林草原、干河谷、半荒漠、荒地、山坡、林缘等地。

用途：全草入药，具有清热、解暑、凉血、截疟的功效；也可用作香料、牲畜饲料。

艾
Artemisia argyi Lévl. & Van.

菊科 Asteraceae
蒿属 *Artemisia*

别名： 金边艾、艾蒿

特征： 多年生草本或略成半灌木状。高80～250厘米。植株有浓烈香气。茎、枝均被灰色蛛丝状柔毛。叶厚纸质，上面被灰白色短柔毛，背面密被灰白色蛛丝状密绒毛；茎下部叶近圆形或宽卵形，羽状深裂，每侧具裂片2～3枚，每裂片有2～3枚小裂齿；中部叶卵形、三角状卵形或近菱形，一（至二）回羽状深裂至半裂，每侧裂片2～3枚；上部叶与苞片叶羽状半裂、浅裂、3深裂或3浅裂。头状花序椭圆形，每数枚至10余枚在分枝上排成小型的穗状花序或复穗状花序，并在茎上通常再组成狭窄、尖塔形的圆锥花序；雌花6～10朵，两性花8～12朵。瘦果长卵形或长圆形。花果期7～10月。

生境： 生于森林草原、荒地、路旁河边及山坡等地。

用途： 全草入药，具有温经、去湿、散寒、止血、消炎、平喘、安胎、抗过敏等功效。

青蒿

Artemisia caruifolia Buch.-Ham.ex Roxb.

菊科 Asteraceae
蒿属 *Artemisia*

别名：草蒿、茵陈蒿、邪蒿、香蒿、苹蒿

特征：一年生草本。植株有香气。主根单一，垂直，侧根少。茎单生，高30～150厘米，上部多分枝，幼时绿色，有纵纹，下部稍木质化，纤细，无毛。叶两面青绿色或淡绿色，无毛；基生叶与茎下部叶三回栉齿状羽状分裂，有长叶柄，花期叶凋谢；中部叶长圆形、长圆状卵形或椭圆形。头状花序半球形或近半球形，具短梗，下垂，在分枝上排成穗状花序式的总状花序，并在茎上组成中等开展的圆锥花序；总苞片3～4层，外层总苞片狭小，有细小白点；花序托球形；花淡黄色；雌花10～20朵，花冠狭管状，檐部具2裂齿，花柱伸出花冠管外；两性花30～40朵，花冠管状。瘦果长圆形至椭圆形。花果期6～9月。

生境：常生于低海拔、湿润的河岸边沙地、山谷、林缘、路旁等。

用途：具有清热解暑、除蒸、截疟的功效，是一种廉价的抗疟疾药。

蒙古蒿
Artemisia mongolica (Fisch. ex Bess.) Nakai

菊科 Asteraceae
蒿属 *Artemisia*

别名：蒙蒿、狭叶蒿、狼尾蒿、水红蒿

特征：多年生草本。茎少数或单生，高40~120厘米；茎、枝初时密被灰白色蛛丝状柔毛，后稍稀疏。叶纸质或薄纸质，初时被蛛丝状柔毛，后渐稀疏或近无毛，背面密被灰白色蛛丝状绒毛；下部叶卵形或宽卵形，二回羽状全裂或深裂；上部叶与苞片叶卵形或长卵形，羽状全裂或5或3全裂，裂片披针形或线形。头状花序多数，椭圆形，在分枝上排成密集的穗状花序，稀少为略疏松的穗状花序，并在茎上组成狭窄或中等开展的圆锥花序；总苞片3~4层；雌花5~10朵，花冠狭管状，檐部具2裂齿，紫色，花柱伸出花冠外；两性花8~15朵，花冠管状，檐部紫红色。花果期8~10月。

生境：多生于中海拔或低海拔地区的山坡、灌丛、河湖岸边及路旁等。

用途：全草入药，具有温经、止血、散寒、祛湿等功效。

猪毛蒿
Artemisia scoparia Waldst. & Kit.

菊科 Asteraceae
蒿属 *Artemisia*

别名：滨蒿、石茵陈、山茵陈

特征：多年生草本或近一、二年生草本。高40～130厘米。植株有浓烈的香气。茎通常单生，红褐色或褐色，有纵纹；常自下部开始分枝；茎、枝幼时被灰白色或灰黄色绢质柔毛，后脱落。基生叶与营养枝叶两面被灰白色绢质柔毛；叶近圆形或长卵形，二至三回羽状全裂，具长柄，花期叶凋谢；茎下部叶初时两面密被灰白色或灰黄色略带绢质的短柔毛，再次羽状全裂；中部叶一至二回羽状全裂，每侧具裂片2～3枚。头状花序近球形，极多数；总苞片3～4层；雌花5～7朵；两性花4～10朵，花冠管状。花果期7～10月。

生境：生于河边草地、干燥盐碱地、山野路旁、荒地。

用途：全草入药，具有清热利湿、利胆退黄的功效。嫩茎叶可食用。

大籽蒿
Artemisia sieversiana Ehrhart ex Willd.

菊科 Asteraceae
蒿属 *Artemisia*

别名：大白蒿、白蒿、臭蒿子

特征：一年生或二年生草本。高50～150厘米。主根单一，垂直，狭纺锤形。茎单生，直立；茎、枝被灰白色微柔毛；下部与中部叶宽卵形或宽卵圆形，二至三回羽状全裂，每侧有裂片2～3枚，再成不规则的羽状全裂或深裂；上部叶及苞片叶羽状全裂或不分裂，而为椭圆状披针形或披针形，无柄。头状花序大，多数，基部常有线形的小苞叶，在分枝上排成总状花序或复总状花序，而在茎上组成开展或略狭窄的圆锥花序；总苞片3～4层，膜质；花序托突起，半球形，有白色托毛；雌花2～3层，20～30朵，花冠狭圆锥状，檐部具2～4裂齿；两性花多层，80～120朵，花冠管状。瘦果长圆形。花果期6～10月。

生境：多生于森林草原、干山坡、路旁、荒地林缘等。

用途：民间入药，具有消炎、清热、止血的功效。嫩枝及花序可作牧草饲料。

高山紫菀 | 菊科 Asteraceae
Aster alpinus L. | 紫菀属 *Aster*

别名：高岭紫菀

特征：多年生草本。茎被毛。下部叶匙状或线状长圆形，基部渐窄成具翅的柄，有时具长11厘米细柄，全缘；中部叶长圆状披针形或近线形，下部渐窄，无柄；上部叶窄小，被柔毛，或稍有腺点。头状花序单生茎端，径3~3.5（~5）厘米；总苞半球形，总苞片2~4层，匙状披针形或线形；舌状花35~40，管部长约2.5毫米，舌片紫色、蓝色或浅红色，长1~1.6厘米；管状花花冠黄色。冠毛1层，白色，另有少数在外的极短或较短的糙毛。瘦果长圆形，基部较狭，褐色，被密绢毛。花期6~8月，果期7~9月。

生境：生于山地草原、草甸中。

用途：全草入药，具有清热解毒的功效。

阿尔泰狗娃花

Aster altaicus Willd.

菊科 Asteraceae
紫菀属 *Aster*

别名：阿尔泰紫菀、阿尔泰狗哇花

特征：多年生草本。茎直立，高20~60厘米，被上曲或有时开展的毛，上部常有腺，上部或全部有分枝。基部叶在花期枯萎；下部叶条形或矩圆状披针形、倒披针形，或近匙形，全缘或有疏浅齿；上部叶渐狭小，条形；全部叶两面或下面被粗毛或细毛，常有腺点。头状花序直径2~3.5厘米，单生枝端或排成伞房状；总苞半球形，2~3层，矩圆状披针形或条形，常有腺，边缘膜质；舌状花约20个；舌片浅蓝紫色；管状花长5~6毫米。瘦果扁；冠毛污白色或红褐色。花果期5~9月。

生境：生于荒漠草原、干草原、草甸草原地带及田间、路旁。

用途：全草入药，具有清热解毒、排脓止咳、消肿的功效；还可作中等饲用植物。

马兰
Aster indicus L.

菊科 Asteraceae
紫菀属 *Aster*

别名：蓑衣莲、鱼鳅串、路边菊、田边菊、鸡儿肠

特征：多年生草本。高30~70厘米。茎直立，上部有短毛，上部或从下部起有分枝。基部叶在花期枯萎；茎部叶倒披针形或倒卵状矩圆形，基部渐狭成具翅的长柄，边缘从中部以上具有小尖头的钝或尖齿或有羽状裂片；上部叶小，全缘，基部急狭无柄；全部叶稍薄质，两面或上面有疏微毛或近无毛，边缘及下面沿脉有短粗毛，中脉在下面突起。头状花序单生于枝端并排列成疏伞房状；总苞半球形；总苞片2~3层，覆瓦状排列；舌状花1层，15~20朵，舌片浅紫色；管状花长3.5毫米，管部长1.5毫米，被短密毛。瘦果倒卵状矩圆形，极扁。花期5~9月；果期8~10月。

生境：生于路边、田野、山坡上。

用途：全草入药，具有清热解毒、消食积、利小便、散瘀止血的功效。

山马兰

Aster lautureanus (Debeaux) Franch.

菊科 Asteraceae
紫菀属 *Aster*

别名：山鸡儿肠、紫菀

特征：多年生草本。高50~100厘米。茎直立，单生或2~3条簇生，具沟纹，被白色向上的糙毛，上部分枝。叶厚或近革质，下部叶花期枯萎；中部叶披针形或矩圆状披针形，顶端渐尖或钝，茎部渐狭，无柄，有疏齿或羽状浅裂；分枝上的叶条状披针形，全缘；全部叶两面疏生短糙毛或无毛。头状花序单生于分枝顶端且排成伞房状；总苞半球形，总苞片3层，覆瓦状排列，上部绿色，无毛，边缘有膜质繸状边缘；舌状花淡蓝色，管部长约1.8毫米；管状花黄色；冠毛淡红色。花果期7~9月。

生境：生于山坡、草原、灌丛中。

用途：全草入药，具有清热、凉血、利湿、解毒的功效。

菊科 Asteraceae | 201

缘毛紫菀
Aster souliei Franch.

菊科 Asteraceae
紫菀属 *Aster*

特征： 多年生草本。茎直立，高5~45厘米，被疏或密的长粗毛。莲座状叶与茎基部的叶倒卵圆形、长圆状匙形或倒披针形，下部渐狭成具宽翅而抱茎的柄；下部及上部叶长圆状线形；全部叶两面被疏毛或近无毛，或上面近边缘而下面沿脉被疏毛，有白色长缘毛，中脉在下面突起，有离基三出脉。头状花序在茎端单生，径3~4厘米；总苞半球形，总苞片约3层；舌状花30~50朵，管部长1.5~2毫米，舌片蓝紫色；管状花黄色，管部有短毛；冠毛1层，紫褐色。瘦果被密粗毛。花期5~7月；果期8月。
生境： 生于高山针林外缘、灌丛及山坡草地。
用途： 根茎及根入药，具有消炎、止咳、平喘的功效。

紫菀
Aster tataricus L. f.

菊科 Asteraceae
紫菀属 Aster

别名：青菀、紫倩、小辫

特征：多年生草本。高40～50厘米。根状茎斜升；茎直立粗壮，基部有纤维状枯叶残片且常有不定根，有棱及沟。基部叶在花期枯落，长圆状或椭圆状匙形，边缘有具小尖头的圆齿或浅齿；下部叶匙状长圆形，边缘除顶部外有密锯齿；中部叶全缘或有浅齿；全部叶厚纸质。头状花序多数，在茎和枝端排列成复伞房状；花序梗长，有线形苞叶；总苞半球形；总苞片3层；舌状花20余朵，管部长3毫米，舌片蓝紫色；管状花长6～7毫米且稍有毛。瘦果倒卵状长圆形，紫褐色。花期7～9月；果期8～10月。

生境：通常生于潮湿的河边地带。

用途：全草入药，具有消痰、止咳、温肺、下气的功效。

联毛紫菀
Symphyotrichum novi-belgii (L.) G. L. Nesom

菊科 Asteraceae
联毛紫菀属 *Symphyotrichum*

别名：荷兰紫菀、荷兰菊
特征：多年生草本。高30~80cm。有地下走茎；茎直立，多分枝，被稀疏短柔毛。叶长圆形至条状披针形，长1.5~1.2cm，宽0.6~3cm，全缘或有浅锯齿；上部叶无柄，基部微抱茎；花序下部叶较小。头状花序顶生，总苞钟形，舌状花蓝紫色、紫红色等，管状花黄色。瘦果长圆形。花果期8~10月。
生境：生于山地草原、草甸中。
用途：用于布置花坛、花境或路边栽培观赏，也可盆栽。

翠菊

Callistephus chinensis (L.) Nees

菊科 Asteraceae
翠菊属 *Callistephus*

别名：江西腊、五月菊

特征：一年生或二年生草本。高（15～）30～100厘米。茎直立，单生，基部直径6～7毫米。下部茎叶花期脱落或生存；中部茎叶卵形、菱状卵形或匙形或近圆形；上部茎叶渐小，菱状披针形、长椭圆形或倒披针形。头状花序单生于茎枝顶端，直径6～8厘米，有长花序梗。总苞半球形；总苞片3层，近等长，外层长椭圆状披针形或匙形，叶质，中层匙形，染紫色，内层苞片长椭圆形，膜质，半透明，顶端钝；雌花1层，在园艺栽培中可为多层，红色、淡红色、蓝色、黄色或淡蓝紫色；两性花花冠黄色。瘦果长椭圆状倒披针形。花果期5～10月。

生境：生于山坡撂荒地、山坡草丛、水边或疏林阴处。

用途：用于目赤肿痛、昏花不明的治疗。

丝毛飞廉
Carduus crispus L.

菊科 Asteraceae
飞廉属 *Carduus*

特征：二年生或多年生草本。高40～150厘米。茎直立，有条棱，不分枝或最上部有极短或较长分枝，被稀疏的多细胞长节毛，上部或接头状花序下部有稀疏或较稠密的蛛丝状毛或蛛丝状绵毛。下部茎叶全形椭圆形、长椭圆形或倒披针形，羽状深裂或半裂，侧裂片7～12对；中部茎叶渐小，最上部茎叶线状倒披针形或宽线形。小花红色或紫色，长1.5厘米，檐部长8毫米，5深裂，裂片线形，长达6毫米，细管部长7毫米。瘦果稍压扁，楔状椭圆形，果缘软骨质，边缘全缘；冠毛多层，白色或污白色，不等长，向内层渐长，冠毛刚毛锯齿状，长达1.3厘米，基部连合成环，整体脱落。花果期4～10月。

生境：生于山坡草地、田间、荒地河旁及林下。

用途：全草入药，具有散瘀止血、清热利湿的功效；也是优良的蜜源植物。

飞廉 | 菊科 Asteraceae
Carduus nutans L. | 飞廉属 *Carduus*

别名：天荞、伏猪、伏兔
特征：二年生或多年生草本。高30~100厘米。茎单生或少数茎成簇生，全部茎枝有条棱，被稀疏的蛛丝毛和多细胞长节毛，顶端有淡黄白色或褐色的针刺，边缘针刺较短。茎叶两面同色。头状花序通常下垂或下倾，单生茎顶或长分枝的顶端，但不形成明显的伞房花序排列，植株通常生4~6个头状花序；总苞钟状或宽钟状；全部苞片无毛或被稀疏蛛丝状毛；小花紫色，5深裂，裂片狭线形。瘦果灰黄色，有多数浅褐色的细纵线纹及细横皱纹，有果缘，果缘全缘；冠毛白色，刚毛锯齿状，基部连合成环，整体脱落。花果期6~10月。
生境：生于山谷、田边或草地。
用途：全草入药，具有清热、利湿、祛风、凉血散瘀的功效。

小红菊

Chrysanthemum chanetii H. Lév.

菊科 Asteraceae
菊属 *Chrysanthemum*

别名： 野菊花

特征： 多年生草本。高15~60厘米。中部茎生叶肾形、半圆形、近圆形或宽卵形，通常3~5掌状或掌式羽状浅裂或半裂；侧裂片椭圆形，顶裂片较大，全部裂片边缘钝齿、尖齿或芒状尖齿；基生叶及下部茎生叶与茎中部叶同形，但较小；上部茎生叶椭圆形或长椭圆形。头状花序少数（约3个）至多数（约12个）在茎枝顶端排成疏松伞房花序，少有头状花序单生茎端的；总苞碟形，总苞片4~5层，全部苞片边缘白色或褐色膜质；舌状花白色、粉红色或紫色，舌片顶端2~3齿裂。花果期7~10月。

生境： 生于灌丛、山坡林缘、草原或河滩与沟边。

用途： 花形美，可作园林地被植物，用于园林观赏。

楔叶菊
Chrysanthemum naktongense Nakai

菊科 Asteraceae
菊属 *Chrysanthemum*

特征：多年生草本。高10~50厘米。茎直立；全部茎枝有稀疏的柔毛。中部茎生叶长椭圆形、椭圆形或卵形，掌式羽状或羽状3~7浅裂、半裂或深裂；基生叶和下部茎生叶与中部茎生叶同形，但较小；上部茎生叶倒卵形、倒披针形或长倒披针形，3~5裂或不裂；全部茎生叶基部楔形或宽楔形，有长柄。头状花序直径3.5~5厘米，2~9个在茎枝顶端排成疏松伞房花序；总苞碟状，总苞片5层，外层线形或线状披针形，顶端圆形膜质扩大，中内层边缘及顶端白色或褐色膜质；舌状花白色、粉红色或淡紫色，舌片顶端全缘或2齿。花期7~8月。
生境：生于草原。
用途：花形美，可作园林地被植物，用于园林观赏。

小山菊
Chrysanthemum oreastrum Hance

菊科 Asteraceae
菊属 *Chrysanthemum*

别名：毛山菊

特征：多年生草本。高3~45厘米。有地下匍匐根状茎；茎直立，被稠密的长或短柔毛。基生及中部茎生叶菱形、扇形或近肾形，二回掌状或掌式羽状分裂，一二回全部全裂；上部叶与茎中部叶同形，但较小，最上部及接花序下部的叶羽裂或3裂；全部叶有柄。头状花序直径2~4厘米，单生茎顶；总苞浅碟状，总苞片4层，外层线形、长椭圆形或卵形，中内层长卵形、倒披针形，全部苞片边缘棕褐色或黑褐色宽膜质；舌状花白色、粉红色，舌片顶端3齿或微凹。花果期6~8月。

生境：生于草甸。

用途：花形美，可作园林地被植物，用于园林观赏，或用作科学实验材料。

刺儿菜

Cirsium arvense var. *integrifolium* C. Wimm. & Grabowski

菊科 Asteraceae
蓟属 *Cirsium*

别名：野刺儿菜、野红花、大小蓟

特征：多年生草本。茎直立，高30~80（100~120）厘米。基生叶和中部茎生叶椭圆形、长椭圆形或椭圆状倒披针形，顶端钝或圆形；上部茎生叶渐小，椭圆形或披针形或线状披针形；或全部茎生叶不分裂，叶缘有细密的针刺，针刺紧贴叶缘；全部茎生叶两面同色。头状花序单生茎端；总苞卵形、长卵形或卵圆形，总苞片约6层；小花紫红色或白色；雌花花冠长2.4厘米，细管部细丝状，长18毫米；两性花花冠长1.8厘米，细管部细丝状。瘦果淡黄色，椭圆形或偏斜椭圆形。花果期5~9月。

生境：生于山坡、河旁或荒地、田间。

用途：全草和根茎入药，具有凉血止血、祛瘀消肿的功效。

菊科 Asteraceae | 211

莲座蓟
Cirsium esculentum (Sievers) C. A. Mey.

菊科 Asteraceae
蓟属 *Cirsium*

别名：食用蓟
特征：多年生草本。无茎，顶生多数头状花序，外围莲座状叶丛；莲座状叶丛的叶全形倒披针形或椭圆形或长椭圆形，基部渐狭成有翼的长或短叶柄，柄翼边缘有针刺或3~5个针刺组合成束；叶两面同色，绿色，两面或沿脉或仅沿中脉被稠密或稀疏的多细胞长节毛。头状花序5~12个集生于茎基顶端的莲座状叶丛中；总苞钟状，苞片约6层；小花紫色，不等5浅裂；冠毛白色或污白色或稍带褐色或带黄色，多层，基部连合成环，整体脱落，冠毛刚毛长羽毛状。花果期8~9月。
生境：生于河岸湿润草地及沼泽草甸。
用途：全草入药，具有散瘀消肿、排脓、托毒、止血的功效。

野蓟
Cirsium maackii Maxim.

菊科 Asteraceae
蓟属 *Cirsium*

别名：牛戳口

特征：多年生草本。高40～150厘米。茎直立，上部接头状花序，下部灰白色，有稠密的绒毛。基生叶和下部茎生叶全形长椭圆形、披针形或披针状椭圆形，向下渐狭成翼柄，柄基有时扩大半抱茎，柄翼边缘三角形刺齿或针刺；全部叶两面异色，上面绿色，沿脉被稀疏的多细胞长或短节毛，下面灰色或浅灰色，被稀疏绒毛，或至少上部叶两面异色。头状花序单生茎端，或在茎枝顶端排成伞房花序；总苞钟状，总苞片约5层，覆瓦状排列；小花紫红色，5裂不达檐部中部。瘦果淡黄色，顶端截形；冠毛多层，白色。花果期6～9月。

生境：生于山坡草地、林缘、草甸及林旁。

用途：全草入药，具有凉血止血、行瘀消肿的功效。

烟管蓟
Cirsium pendulum Fisch. ex DC.

菊科 Asteraceae
蓟属 *Cirsium*

别名：马蓟、虎蓟、刺蓟、山牛蒡、鸡项草

特征：多年生草本。高1~3米。茎上部分枝，被极稀疏的蛛丝状及多细胞长节毛，上部花序分枝上的蛛丝毛稍稠密。基生叶及下部茎生叶全形长椭圆形、偏斜椭圆形、长倒披针形或椭圆形，下部渐狭成长或短翼柄或无柄，明显的但却不规则二回羽状分裂；向上的叶渐小，无柄或扩大耳状抱茎；全部叶两面同色，绿色或下面稍淡，无毛，边缘及齿顶或裂片顶端针刺长可达3毫米。头状花序下垂，在茎枝顶端排成总状圆锥花序；总苞钟状，总苞片约10层，覆瓦状排列；小花紫色或红色，花冠长2.2厘米，细管部细丝状；冠毛污白色，羽毛状，多层，基部连合成环，整体脱落。花果期6~9月。

生境：生于山野、路旁、荒地。

用途：全草入药，用于吐血、血淋、血崩、带下、肠风、肠痈、痈疡肿毒、疔疮的治疗。

牛口刺

Cirsium shansiense Petrak

菊科 Asteraceae
蓟属 Cirsium

别名：火刺蓟、刺儿菜、牛口剩

特征：多年生草本。高0.3~1.5米。叶侧裂片3~6对，偏斜三角形或偏斜半椭圆形；顶裂片长三角形、宽线形或长线形；全部裂片顶端或齿裂顶端及边缘有针刺；自中部叶向上的叶渐小；全部茎生叶两面异色，上面绿色，被多细胞长或短节毛，下面灰白色，被密厚的绒毛。头状花序多数在茎枝顶端排成明显或不明显的伞房花序；总苞卵形或卵球形，总苞片7层，覆瓦状排列，全部苞片外面有黑色粘腺；小花粉红色或紫色，长1.8厘米，檐部长近1厘米，不等5深裂，细管部长8毫米；冠毛浅褐色，多层。花果期5~11月。

生境：生于灌木林下、草地、河边湿地、溪边和路旁。

用途：根部入药，具有清热解毒、凉血止血的功效，用于感染性疾病和高血压的治疗。

葵花大蓟

Cirsium souliei (Franch.) Mattf.

菊科 Asteraceae
蓟属 *Cirsium*

别名：聚头蓟

特征：多年生铺散草本。全部叶基生，莲座状，长椭圆形、椭圆状披针形或倒披针形，羽状浅裂、半裂、深裂至几全裂，长8~21厘米，宽2~6厘米，有长1.5~4厘米的叶柄，两面同色，绿色，下面色淡；侧裂片7~11对，中部侧裂片较大，向上向下的侧裂片渐小，全部侧片卵状披针形、偏斜卵状披针形、半椭圆形或宽三角形，边缘有针刺或大小不等的三角形刺齿而齿顶有针刺1，全部针刺长2~5毫米。头状花序多数或少数集生于茎基顶端的莲座状叶丛中，花序梗极短；小花紫红色，花冠长2.1厘米，檐部长8毫米，不等5浅裂；冠毛白色或污白色或稍带浅褐色，冠毛刚毛多层，基部连合成环，整体脱落，长羽毛状。花果期7~9月。

生境：生于河滩地、田间、山坡路旁、林缘、荒地、水旁潮湿地。

用途：全草入药，具有凉血止血、散瘀消肿的功效。

绒背蓟
Cirsium vlassovianum Fisch. ex DC.

菊科 Asteraceae
蓟属 *Cirsium*

别名：猫腿姑

特征：多年生草本。茎直立，高25~90厘米。全部茎生叶披针形或椭圆状披针形，中部叶较大，上部叶较小；全部叶不分裂，边缘有长约1毫米的针刺状缘毛，两面异色，上面绿色，被稀疏的多细胞长节毛，下面灰白色，被稠密的绒毛；下部叶有短或长叶柄，中部及上部叶耳状扩大或圆形扩大，半抱茎。头状花序单生茎顶或生花序枝端；总苞长卵形，总苞片约7层，紧密覆瓦状排列，全部苞片外面有黑色黏腺；小花紫色；花冠长1.7厘米。瘦果褐色；冠毛浅褐色，多层，基部连合成环，整体脱落，冠毛刚毛长羽毛状。花果期5~9月。

生境：生于山坡林中、林缘、河边或潮湿地。

用途：根部入药，具有祛风、除湿、止痛的功效。

秋英
Cosmos bipinnatus Cavanilles

菊科 Asteraceae
秋英属 *Cosmos*

别名：格桑花、扫地梅、波斯菊、大波斯菊
特征：一年生或多年生草本。高达2米。茎无毛或稍被柔毛。叶二回羽状深裂。头状花序单生，径3~6厘米，花序梗长6~18厘米；总苞片外层披针形或线状披针形，近革质，淡绿色，具深紫色条纹，长1~1.5厘米，内层椭圆状卵形，膜质；舌状花紫红色、粉红色或白色，舌片椭圆状倒卵形，长2~3厘米；管状花黄色，长6~8毫米，管部短，上部圆柱形，有披针状裂片。瘦果黑紫色，无毛，上端具长喙，有2~3尖刺。花期6~8月；果期9~10月。
生境：生于路旁、田埂、溪岸。
用途：花序、种子或全草入药，具有清热解毒、明目化湿的功效。

蓝刺头

Echinops sphaerocephalus L. | 菊科 Asteraceae
蓝刺头属 *Echinops*

别名：白茎蓝刺头

特征：多年生草本。高50~150厘米。茎单生，全部茎枝被稠密的多细胞长节毛和稀疏的蛛丝状薄毛。基部和下部茎生叶全形宽披针形，羽状半裂，侧裂片3~5对；全部叶质地薄、纸质，上面绿色，下面灰白色。复头状花序单生茎枝顶端；头状花序长2厘米；基毛长1厘米，白色；外层苞片稍长于基毛，褐色；中层苞片倒披针形或长椭圆形，外面有稠密的短糙毛；全部苞片14~18枚；小花淡蓝色或白色，花冠5深裂，裂片线形。瘦果倒圆锥状；冠毛量杯状。花果期8~9月。

生境：生于山坡林缘或渠边。

用途：具有固骨质、接骨愈伤、清热止痛的功效。

赛菊芋

Heliopsis helianthoides (L.) Sweet

菊科 Asteraceae
赛菊芋属 *Heliopsis*

别名： 日光菊

特征： 多年生草本。茎枝光滑。叶矩圆形或卵状披针形，上面无毛，下面具柔毛，边缘具粗齿。叶对生，长卵圆形，叶缘有浅锯齿，叶脉绿色，脉间乳白色或白色，较鲜亮，春季新生叶的叶缘常呈粉色。头状花序，单生；舌状片先端渐尖，黄色；心花为管状花，多数，黄色，两性。果实为瘦果，黑色，千粒重约4.9克。花期6~9月。

生境： 生于路边、林缘、疏林下。

用途： 可作为制作绿色食品的上等原料，具有降低血脂、改善脂质代谢、排毒养颜等功效；还可作为花坛、花境材料。

伪泥胡菜 | 菊科 Asteraceae
Serratula coronata L. | 伪泥胡菜属 *Serratula*

别名： 假升麻

特征： 多年生草本。高70~150厘米。全部茎枝无毛。基生叶与下部茎生叶全形长圆形或长椭圆形，羽状全裂；侧裂片8对，全部裂片长椭圆形；中上部茎生叶与基生叶及下部茎生叶同形并等样分裂；全部叶裂片边缘有锯齿或大锯齿，两面绿色，有短糙毛或脱毛。头状花序异型，少数在茎枝顶端排成伞房花序；总苞碗状或钟状，总苞片约7层，覆瓦状排列；全部苞片外面紫红色；全部小花紫色，花冠裂片线形；两性小花花冠裂片披针形或线状披针形。瘦果倒披针状长椭圆形；冠毛黄褐色。花果期8~10月。

生境： 生于山坡林下、林缘、草原、草甸或河岸。

用途： 根入药，解毒透疹，用于麻疹初期透发不畅、风疹瘙痒的治疗。

泥胡菜

Hemisteptia lyrata (Bunge) Fischer & C. A. Meyer

菊科 Asteraceae
泥胡菜属 *Hemisteptia*

别名：艾草、猪兜菜

特征：一年生草本。高30～100厘米。茎单生，很少簇生，通常纤细，被稀疏蛛丝毛。基生叶长椭圆形或倒披针形，花期通常枯萎；中下部茎生叶与基生叶同形，全部叶大头羽状深裂或几全裂，侧裂片2～6对，通常4～6对，倒卵形、长椭圆形、匙形、倒披针形或披针形；全部茎生叶质地薄，两面异色，上面绿色，下面灰白色。小花紫色或红色，花冠长1.4厘米，深5裂；花冠裂片线形，细管部为细丝状。瘦果小，深褐色，有13～16条粗细不等的突起的尖细肋。花果期3～8月。

生境：生于路旁荒地或水塘边，或较湿润的丘陵、山谷、溪边和荒山草坡。

用途：全草入药，具有清热解毒、消肿散结的功效。

猫耳菊

Hypochaeris ciliata (Thunb.) Makino

菊科 Asteraceae
猫耳菊属 *Hypochaeris*

别名：黄金菊、小蒲公英、大黄菊、猫儿菊

特征：多年生草本。茎高20~60厘米，基部被黑褐色枯燥叶柄。基生叶椭圆形、长椭圆形或倒披针形，基部渐狭成长或短翼柄；下部茎生叶与基生形同形，但通常较宽，宽达5厘米；向上的茎生叶椭圆形或长椭圆形或卵形或长卵形，但较小；全部茎生叶基部平截或圆形，无柄，半抱茎。头状花序单生于茎端；总苞宽钟状或半球形，总苞片3~4层，外层卵形或长椭圆状卵形，中内层披针形；全部总苞片或中外层总苞片外面沿中脉被白色卷毛；舌状小花多数，金黄色。瘦果圆柱状，有15~16条稍突起的细纵肋；冠毛浅褐色，羽毛状。花果期6~9月。

生境：生于山坡草地、林缘路旁或灌丛中。

用途：猫耳菊秋、冬季采收，切片晒干，可利水消肿；主治水肿、腹水。

欧亚旋覆花

Inula britannica L.

菊科 Asteraceae
旋覆花属 *Inula*

别名：大花旋覆花、旋覆花
特征：多年生草本。茎上部有伞房状分枝，被长柔毛。基部叶长椭圆形或披针形，长3~12厘米，下部渐窄成长柄；中部叶长椭圆形，长5~13厘米，基部心形或有耳，半抱茎。头状花序1~5生于茎枝端，花序梗长1~4厘米；总苞半球形，总苞片4~5层，外层线状披针形，上部草质，内层披针状线形；舌状花舌片线形，黄色；管状花花冠有三角状披针形裂片，冠毛白色，与管状花花冠约等长，有20~25微糙毛。瘦果圆柱形。花期7~9月；果期8~10月。
生境：生于河流沿岸、湿润坡地、田埂和路旁。
用途：花具有下气、行水、祛痰的功效。草具有行水利湿的功效。

旋覆花

Inula japonica Thunb.

菊科 Asteraceae
旋覆花属 *Inula*

别名：猫耳朵、六月菊、金佛花、金佛草、金钱花、金沸草

特征：多年生草本。茎高30~70厘米，全部有叶。基部叶常较小，在花期枯萎；中部叶长圆形，长圆状披针形或披针形，基部多少狭窄，常有圆形半抱茎的小耳，无柄，顶端稍尖或渐尖；中脉和侧脉有较密的长毛。头状花序径3~4厘米，多数或少数排列成疏散的伞房花序，花序梗细长；总苞半球形，总苞片约6层，线状披针形，近等长；舌状花黄色，舌片线形；管状花花冠长约5毫米，有三角披针形裂片；冠毛1层，白色有20余枚微糙毛。瘦果圆柱形，有10条沟，顶端截形，被疏短毛。花期6~10月；果期9~11月。

生境：生于山坡路旁、湿润草地、河岸和田埂上。

用途：根及叶入药，用于刀伤、疔毒的治疗。花入药，具有健胃祛痰的功效。

菊科 Asteraceae | 225

柳叶旋覆花
Inula salicina L.

菊科 Asteraceae
旋覆花属 *Inula*

别名: 歌仙草

特征: 多年生草本。茎高30~70厘米,全部有较密的叶。下部叶在花期常凋落,长圆状匙形;中部叶较大,稍直立,椭圆或长圆状披针形,基部稍狭,心形或有圆形小耳,半抱茎;侧脉5~6对,与网脉在两面稍突起;上部叶较小。头状花序径2.5~4厘米,单生于茎或枝端,常为密集的苞状叶所围绕;总苞半球形,总苞片4~5层,外层稍短,披针形或匙状长圆形,下部革质,上部叶质且常稍红色,顶端钝或尖,背面有密短毛,常有缘毛,内层线状披针形,渐尖,上部背面有密毛;舌状花较总苞长达2倍,舌片黄色;管状花花冠长7~9毫米;冠毛1层,白色或下部稍红色。花期7~9月;果期9~10月。

生境: 生于寒温带及温带山顶、山坡草地、半湿润和湿润草地。

变色苦荬菜
Ixeris chinensis subsp. *versicolor* (Fisch. ex Link) kitam

菊科 Asteraceae
苦荬菜属 *Ixeris*

别名： 丝叶小苦荬

特征： 多年生草本。高10~20厘米。基生叶丝形或线状丝形；茎生叶极少，与基生叶同形，全部两面无毛，边缘全缘，无锯齿。头状花序多数或少数，在茎枝顶端排成伞房状花序或单生枝端；总苞圆柱状，2~3层，内层长，顶端急尖，全部苞片外面无毛；舌状小花黄色，极少白色，15~25朵。瘦果褐色，长椭圆形，有10条突起钝肋，肋上部有小刺毛，向顶端渐尖成细喙，喙细丝状；冠毛白色，纤细，糙毛状。花果期6~8月。

生境： 生于路旁、田野、河岸、沙丘或草甸上。

苦荬菜

Ixeris polycephala Cass.

菊科 Asteraceae
苦荬菜属 *Ixeris*

别名：抱茎苦荬菜、抱茎小苦荬

特征：一年生或二年生草本。茎直立，多分枝，常带紫红色。基生叶花期枯萎，卵形、长圆形或披针形，先端急尖，基部渐狭成柄，边缘具波状齿裂或羽状分裂，裂片边缘有细锯齿；茎生叶倒长卵形、阔椭圆形或披针形，先端尖或钝，基部渐狭成柄或抱茎，边缘具波状浅齿，稀全缘；叶上面绿色，下面灰绿色，有白粉。头状花序在枝顶排列成伞房状；舌状花黄色，先端5齿裂；冠毛白色。花果期9~11月。

生境：生于土壤湿润的山麓灌丛、林缘的森林草甸以及路旁、沟边。

用途：全草或根入药，具有清热解毒、散瘀止痛、止血、止带的功效。

麻花头
Klasea centauroides (L.) Cass.

菊科 Asteraceae
麻花头属 *Klasea*

别名： 薄叶麻花头、北京麻花头

特征： 多年生草本，高40～100厘米。根状茎横走，黑褐色。基生叶及下部茎叶长椭圆形，羽状深裂，侧裂片5～8对；中部茎生叶与基生叶及下部茎生叶同形，并等样分裂，但无柄或有极短的柄；上部叶更小，5～7羽状全缘，无锯齿。头状花序少数，单生茎枝顶端，但不形成明显的伞房花序式排列，或植株含1个头状花序；总苞卵形或长卵形，总苞片10～12层；全部小花红色、红紫色或白色。瘦果褐色，有4条突起的肋棱；冠毛褐色或略带土红色。花期6～7月；果期8～9月。

生境： 生于山坡林缘、草原、草甸、路旁或田间。

用途： 全草及根部入药，具有清热解毒、降胆固醇的功效。

菊科 Asteraceae | 229

多花麻花头
Klasea centauroides subsp. *polycephala* (Iljin) L. Martins

菊科 Asteraceae
麻花头属 *Klasea*

别名： 多头麻花头

特征： 多年生草本。根状茎极短，粗厚；茎高40~80厘米，上部伞房状分枝，基部被残存的纤维状撕裂的棕褐色叶柄。基部叶及下部茎叶长倒披针形、椭圆状披针形或长椭圆形；侧裂片5~9对，中部侧裂片较大，全部裂片长椭圆形、宽线形或线状长三角形；全部叶两面粗涩。头状花序多数（10~20个）在茎枝顶端排成伞房花序，总苞长卵形，总苞片8~9层；小花两性，花冠紫色或粉红色，长2.2厘米，细管部长约1厘米。瘦果淡白色或褐色；冠毛褐色，冠毛刚毛锯齿状。花果期7~9月。

生境： 生于山坡、路旁或农田中。

用途： 本种可作为优良饲草。

乳苣

Lactuca tatarica (L.) C. A. Mey.

菊科 Asteraceae
莴苣属 *Lactuca*

别名：苦苦菜、紫花山莴苣、苦菜、蒙山莴苣

特征：多年生草本。高15~60厘米。根垂直直伸。茎直立，有细条棱或条纹，上部有圆锥状花序分枝；全部茎枝光滑无毛。中下部茎生叶长椭圆形、线状长椭圆形或线形，基部渐狭成短柄，羽状浅裂或半裂或边缘有多数或少数大锯齿；向上的叶与中部茎生叶同形或宽线形，但渐小。头状花序约含20朵小花，多数，在茎枝顶端狭或宽圆锥花序；总苞圆柱状或楔形，果期不为卵球形，总苞片4层，不成明显的覆瓦状排列，全部苞片带紫红色；冠毛2层，白色。花果期6~9月。

生境：生于草甸、田边、河滩、湖边、固定沙丘或砾石地。

用途：本种为常见野菜，具有清热解毒的功效。

菊科 Asteraceae

火绒草
Leontopodium leontopodioides (Willd.) Beauv.

菊科 Asteraceae
火绒草属 *Leontopodium*

别名： 老头草、老头艾、雪绒花

特征： 多年生草本。地下茎粗壮，分枝短，无莲座状叶丛；花茎直立，高5～45厘米，被灰白色长柔毛或白色近绢状毛。叶直立，上面灰绿色，被柔毛，下面被白色或灰白色密绵毛或有时被绢毛；苞叶少数，基部渐狭，两面或下面被白色或灰白色厚茸毛。头状花序大，在雌株径7～10毫米，3～7个密集，在雌株常有较长的花序梗而排列成伞房状；总苞半球形，总苞片约4层，无色或褐色，常狭尖；小花雌雄异株；雄花花冠狭漏斗状，有小裂片；雌花花冠丝状，雌花冠毛细丝状。瘦果有乳头状突起或密粗毛。花果期7～10月。

生境： 生于山区草地、干旱草原、黄土坡地。

用途： 全草入药，具有清热凉血、利尿的功效。

绢茸火绒草

Leontopodium smithianum Hand.-Mazz.

菊科 Asteraceae
火绒草属 *Leontopodium*

特征：多年生草本。茎直立或斜升，高10~45厘米，全部有等距而密生或上部有疏生的叶。下部叶在花期枯萎宿存；叶多少开展或直立，线状披针形，上面被灰白色柔毛，下面被灰白色或白色密茸毛或黏结的绢状毛；苞叶少数或较多数（3~10个），长椭圆形或线状披针形。头状花序大，常3~25个密集，或有花序梗而成伞房状；总苞被白色密绵毛，3~4层；花冠长3~4毫米，雄花花冠管状漏斗状，有小裂片，雌花花冠丝状；冠毛白色，雄花冠毛上部较粗厚，有锯齿，雌花冠毛细丝状，下部有微齿；不育的子房和瘦果有乳头状短粗毛。花期6~8月；果期8~10月。

生境：生于低山和亚高山草地或干燥草地。

滨菊
Leucanthemum vulgare Lam.

菊科 Asteraceae
滨菊属 *Leucanthemum*

别名： 法国菊、法兰西菊、牛眼菊

特征： 多年生草本。高15~80厘米。基生叶花期生存，长椭圆形、倒披针形、倒卵形或卵形，基部楔形，渐狭成长柄，柄长于叶片自身，边缘圆或钝锯齿；中下部茎生叶长椭圆形或线状长椭圆形，耳状或近耳状扩大半抱茎，中部以下或近基部有时羽状浅裂；上部叶渐小，有时羽状全裂；全部叶两面无毛，腺点不明显。头状花序单生茎顶，有长花梗，或茎生2~5个头状花序，排成疏松伞房状；总苞径10~20毫米，全部苞片无毛，边缘白色或褐色膜质；舌片长10~25毫米。瘦果长2~3毫米。花果期5~10月。

生境： 生于山坡草地或河边。

用途： 本种可用于公园栽培观赏。

蹄叶橐吾
Ligularia fischeri (Ledeb.) Turcz.

菊科 Asteraceae
橐吾属 *Ligularia*

特征： 多年生草本。根肉质，黑褐色，多数。茎高大，直立，高80~200厘米，上部及花序被黄褐色有节短柔毛，下部光滑，被褐色枯叶柄纤维包围。丛生叶与茎下部叶具柄，柄长18~59厘米，光滑，基部鞘状，叶片肾形，长10~30厘米，宽13~40厘米，上面绿色，下面淡绿色，两面光滑，叶脉掌状，主脉5~7条，明显突起；茎、中上部叶具短柄，鞘膨大，叶片肾形。舌状花5~6（~9），黄色，舌片长圆形；管状花多数，冠毛红褐色短于管部。瘦果圆柱形。花果期7~10月。
生境： 生于水边、草甸子、山坡、灌丛中、林缘及林下。
用途： 全草入药，具有散除风寒、清热解毒等功效。

狭苞橐吾
Ligularia intermedia Nakai

菊科 Asteraceae
橐吾属 *Ligularia*

别名： 光紫菀、土紫菀

特征： 多年生草本。茎高达100厘米。丛生叶与茎下部叶具柄，柄长16~43厘米，叶片肾形或心形，叶脉掌状。总状花序长22~25厘米；苞片线形或线状披针形，下部者长达3厘米，向上渐短；头状花序多数，辐射状；小苞片线形；总苞钟形，总苞片6~8；舌状花4~6，黄色，舌片长圆形；管状花7~12，伸出总苞，基部稍粗，冠毛紫褐色，有时白色，比花冠管部短。瘦果圆柱形。花果期7~10月。

生境： 生于水边、山坡、林缘、林下及高山草原。

用途： 根及根状茎入药，具有润肺化痰、止咳、平喘的功效。

全缘橐吾

Ligularia mongolica (Turcz.) DC.

菊科 Asteraceae
橐吾属 *Ligularia*

别名：西伯利亚橐吾、柳叶橐吾、全缘囊吾

特征：多年生灰绿色或蓝绿色草本，全株光滑。茎高30～110厘米，基部被枯叶柄纤维包围。丛生叶与茎下部叶具柄，柄长达35厘米，截面半圆形，光滑，基部具狭鞘，叶片卵形、长圆形或椭圆形，先端钝，全缘，基部楔形，下延，叶脉羽状；茎中上部叶无柄，长圆形或卵状披针形，近直立，贴生，基部半抱茎。总状花序密集，近头状；苞片和小苞片线状钻形；花序梗细；头状花序多数，辐射状；总苞狭钟形或筒形，总苞片5～6，2层，长圆形；舌状花1～4朵，黄色；管状花5～10朵；冠毛红褐色与花冠管部等长。花果期5～9月。

生境：生于沼泽草甸、山坡、林间及灌丛。

用途：根及根茎入药，具有宣肺利气、镇咳祛痰、疏风散寒、发表、除湿利水的功效。

菊科 Asteraceae | 237

火媒草
Olgaea leucophylla (Turcz.) Iljin

菊科 Asteraceae
猬菊属 *Olgaea*

别名：鳍蓟
特征：多年生草本。高30~70cm，被白色绵毛。叶互生；叶片长圆状披针形，先端具刺尖，基部沿茎下延成茎翼，边缘具疏齿和不等长的针刺，上面绿色，下面密被灰白色蛛丝状绒毛。头状花序多数或少数生于枝端，直立；总苞钟状，总苞片多层，披针形，边缘有刺状缘毛，外层绿色，内层紫红色，先端具微毛；花冠紫红色或白色，外面有腺点，檐部5裂。瘦果苍白色；冠毛浅褐色，多层。花果期5~10月。
生境：生于沙地、山坡或草甸。
用途：根及地上部分入药，具有清热解毒、消痰散结、凉血止血的功效。

猬菊

Olgaea lomonossowii (Trautv.) Iljin

菊科 Asteraceae
猬菊属 *Olgaea*

别名：蝟菊

特征：多年生草本。高15~60厘米。茎单生，被棕褐色残存的叶柄，被密厚绒毛或变稀毛。基生叶长椭圆形，羽状浅裂或深裂，向基部渐狭成长或短叶柄，柄基扩大；侧裂片4~7对，边缘及顶端有浅褐色针刺；叶质地薄，草质，上面绿色，无毛，下面灰白色，被密厚的绒毛。头状花序单生枝端，植株含少数或多数头状花序，但并不形成明显的伞房花序式排列；总苞大，钟状或半球形，多层多数，质地坚硬；小花紫色，均等5裂。瘦果楔状倒卵形；冠毛多层，褐色。花果期7~10月。

生境：生于山谷、山坡、沙窝或河槽地。

用途：全草入药，具有清热解毒、凉血止血的功效。

大翅蓟

Onopordum acanthium L.

菊科 Asteraceae
大翅蓟属 *Onopordum*

别名：水飞蓟、大蓟、乳蓟

特征：二年生草本。通常分枝。主根直伸，直径达2厘米。茎粗壮，高达2米。基生叶及下部茎生叶长椭圆形或宽卵形，基部渐狭成短柄，中部叶及上部茎生叶渐小；全部叶边缘有稀疏的大小不等的三角形刺齿，齿顶有黄褐色针刺，或羽状浅裂，两面无毛或两面被薄蛛丝毛或两面灰白色，被厚绵毛。总苞片多层，革质，卵状钻形或披针状钻形；小花紫红色或粉红色，花冠2.4厘米，裂片狭线形，细管部长1.2厘米。瘦果有多数横皱褶；冠毛土红色，冠毛刚毛睫毛状，长达1.2厘米。花果期6～9月。

生境：生于山坡、荒地或水沟边。

用途：本种可入药，具有保肝、降血脂及抗动脉粥样斑块形成、预防脑缺血等功效。花朵香气四溢，是蜜源优良植物。

毛连菜

Picris hieracioides L.

菊科 Asteraceae
毛连菜属 *Picris*

别名：枪刀菜、毛牛耳大黄、毛柴胡

特征：二年生草本。高16～120厘米。下部茎生叶长椭圆形或宽披针形，先端渐尖或急尖或钝，边缘全缘或有尖锯齿或大而钝的锯齿，基部渐狭成长或短翼柄；全部茎生叶两面特别是沿脉被亮色的钩状分叉的硬毛。头状花序较多数，在茎枝顶端排成伞房花序或伞房圆锥花序，花序梗细长；总苞圆柱状钟形，总苞片3层，外层线形，内层长，线状披针形，全部总苞片外面被硬毛和短柔毛；舌状小花黄色，冠筒被白色短柔毛。瘦果纺锤形，棕褐色；冠毛白色，外层极短。花果期6～9月。

生境：生于山坡草地、林下、沟边、田间、撂荒地或沙滩地。

用途：全草入药，具有泻火解毒、祛瘀止痛的功效。

菊科 Asteraceae | 241

漏芦
Rhaponticum uniflorum (L.) DC.

菊科 Asteraceae
漏芦属 *Rhaponticum*

别名：祁州漏芦、大脑袋花、野兰

特征：多年生草本植物。高30~60厘米。主根粗壮，根部外表棕黑色，有明显纵沟，易折断，断面不整齐，木部黄白色，中心多空，呈棕色。茎直立，不分枝，密生白色绒毛。基生叶大，椭圆形，叶片羽状深裂至全裂，裂片边缘具不规则锯齿；茎生叶较小，叶互生。头状花序单生于茎顶，淡红紫色；总苞广钟形，总苞片干膜质，外裂与中裂匙形，先端有扩大成圆形撕裂状的附属体，最内一列狭披针形或线形；花全部管状花，淡红紫色；花冠长2~3厘米，先端5裂。瘦果黑褐色。花期5~7月；果期6~8月。

生境：生于向阳的山坡、草地、路边。

用途：根入药，具有清热解毒、消痈、下乳、舒筋通脉的功效。

草地风毛菊

Saussurea amara (L.) DC.

菊科 Asteraceae
风毛菊属 *Saussurea*

别名：羊耳朵、驴耳风毛菊

特征：多年生草本。茎直立，高（9~）15~60厘米，基部直径7毫米，无翼，被白色稀疏的短柔毛或通常无毛，上部或仅在顶端有短伞房花序状分枝，或自中下部有长伞房花序状分枝。叶全缘。头状花序在茎枝顶端排成伞房状或伞房圆锥花序；总苞钟状或圆柱形，总苞片4层，外层披针形或卵状披针形，有时黑绿色，有细齿或3裂，外层被稀疏的短柔毛，中层与内层线状长椭圆形或线形，全部苞片外面绿色或淡绿色；小花淡紫色，长1.5厘米。瘦果长圆形，有4肋；冠毛白色，2层，外层短，糙毛状，内层长，羽毛状。花果期7~10月。

生境：生于荒地、路边、森林草地、山坡、草原、河堤、沙丘、盐碱地、湖边、水边。

用途：全草入药，具有清热解毒、消肿止痛的功效。

紫苞风毛菊

Saussurea purpurascens Y. L. Chen & S. Y. Liang

菊科 Asteraceae
风毛菊属 *Saussurea*

别名： 紫苞雪莲

特征： 多年生草本。高约5厘米。根状茎斜生，颈部被褐色残存的叶柄。茎直立，被柔毛。叶莲座状，条形，顶端急尖，具小刺尖，基部稍扩大，倒向羽裂，裂片狭三角形，上面绿色，无毛，下面除中脉外密被白色绒毛。头状花序单生；总苞宽钟形或球状，总苞片4层，外层卵状披针形，革质，紫红色，边缘暗紫红色；托片条形，白色；花紫红色，花冠管长8毫米，有5个裂片；花药蓝色。瘦果圆柱形，顶端具明显的冠状边缘；冠毛淡褐色。花果期7~9月。

生境： 生于山顶及山顶草坡、高山草甸、林缘、山坡、山坡草甸、石地、石缝。

用途： 本种为低等饲用植物，早春季返青早。

碱地风毛菊 | 菊科 Asteraceae
Saussurea runcinata DC. | 风毛菊属 *Saussurea*

别名：倒羽叶风毛菊

特征：多年生草本。茎高（5~）15~60厘米，无毛，基部有纤维状撕裂的叶鞘残迹，上部有稠密的金黄色腺点。基生叶及下部茎生叶有叶柄，柄长1~5厘米，柄基扩大半抱茎，叶片全形椭圆形、倒披针形、线状倒披针形或披针形，长4~20厘米，宽0.5~7厘米，羽状或大头羽状深裂或全裂；中上部茎生叶渐小，不分裂，无柄，披针形或线状披针形；全部叶两面无毛。头状花序多数或少数，在茎枝顶端排成伞房花序或伞房圆锥花序。小花紫红色，长14毫米，管部与檐部等长。瘦果圆柱状，黑褐色。花果期7~9月。

生境：生于河滩潮湿地、盐碱地、盐渍低地、沟边石缝中。

长裂苦苣菜

Sonchus brachyotus DC.

菊科 Asteraceae
苦苣菜属 *Sonchus*

别名： 苣荬菜、南苦苣菜

特征： 多年生草本。高30～150厘米。茎直立，有细条纹，上部或顶部有伞房状花序分枝；花序分枝与花序梗被稠密的头状具柄的腺毛。基生叶多数，羽状或倒向羽状深裂、半裂或浅裂；全部叶裂片边缘有小锯齿或无锯齿而有小尖头；全部叶基部渐窄成长或短翼柄，但中部以上茎生叶无柄，两面光滑无毛。头状花序在茎枝顶端排成伞房状花序；总苞钟状，总苞片3层，顶端长渐尖；舌状小花多数，黄色；冠毛白色，基部连合成环。花果期1～9月。

生境： 生于林间草地、山坡草地、潮湿地或近水旁、村边。

用途： 全草入药，具有清热解毒、凉血止血、利湿排脓的功效。

苦苣菜

Sonchus oleraceus L.

菊科 Asteraceae
苦苣菜属 *Sonchus*

别名： 滇苦荬菜

特征： 一年生或二年生草本。茎高40～150厘米，不分枝或上部有短的伞房花序状或总状花序式分枝；全部茎枝光滑无毛，或上部花序分枝及花序梗被头状具柄的腺毛。头状花序少数在茎枝顶端排紧密的伞房花序或总状花序或单生茎枝顶端；舌状小花多数，黄色。瘦果褐色，长椭圆形或长椭圆状倒披针形，长3毫米，压扁，每面各有3条细脉，肋间有横皱纹；冠毛白色。花果期5～12月。

生境： 生于山坡或山谷林缘、林下或平地田间、空旷处或近水处。

用途： 全草入药，具有祛湿、清热解毒的功效。

山牛蒡
Synurus deltoides (Ait.) Nakai

菊科 Asteraceae
山牛蒡属 *Synurus*

别名： 裂叶山牛蒡

特征： 多年生草本。高0.7～1.5米。根状茎粗；茎直立，单生，粗壮，基部直径达2厘米；全部茎枝粗壮，有条棱，灰白色，被密厚绒毛或下部脱毛而至无毛。总苞球形，总苞片多层多数，通常13～15层，向内层渐长，有时变紫红色，外层与中层披针形，内层绒状披针形；小花全部为两性，管状，花冠紫红色，花冠裂片不等大，三角形，长达3毫米。瘦果长椭圆形，浅褐色，有果缘，果缘边缘细锯齿，侧生着生面；冠毛褐色，多层，不等长，基部连合成环，整体脱落，冠毛刚毛糙毛状。花果期6～10月。

生境： 生于山坡林缘、林下或草甸。

用途： 根入药，具有健脑的功效。茎叶含挥发油等，果实含牛蒡甙、脂肪油等，可作工业用油原料。

桃叶鸦葱
Scorzonera sinensis (Lipsch. & Krasch.) Nakai

菊科 Asteraceae | 蛇鸦葱属 *Scorzonera*

别名：老虎嘴

特征：多年生草本。高5~53厘米。根垂直直伸，粗达1.5厘米。茎直立；茎基被稠密的纤维状撕裂的鞘状残遗物。基生叶宽卵形、宽披针形、宽椭圆形、倒披针形、椭圆状披针形、线状长椭圆形或线形，包括叶柄长可达33厘米，短可至4厘米，离基三至五出脉；茎生叶少数，鳞片状，披针形或钻状披针形，基部心形，半抱茎或贴茎。头状花序单生茎顶；总苞圆柱状，总苞片约5层，全部总苞片外面光滑无毛；舌状小花黄色。瘦果圆柱状，肉红色；冠毛污黄色，大部羽毛状。花果期4~9月。

生境：生于山坡、丘陵地、沙丘、荒地或灌木林下。

用途：全草入药，具有清热解毒、活血消肿的功效。

菊科 Asteraceae | 249

淡红座蒲公英
Taraxacum erythropodium Kitag.

菊科 Asteraceae
蒲公英属 *Taraxacum*

别名：红梗蒲公英、婆婆丁、黄花地丁、奶汁草
特征：多年生草本。直根系长圆柱形。茎不显。叶基生，呈莲座状平展；叶片倒披针形，多呈不规则大小羽状深裂。花葶不分枝，顶生头状花序，均属舌状花，黄色。瘦果顶端具细长的喙，冠毛白色，宿存。花期5~6月；果期6~7月。
生境：生于田野路旁、村庄沟边、山坡林缘等处。
用途：全草入药，具有通利小便、清热解毒、凉血散结的功效。

蒲公英

Taraxacum mongolicum Hand.-Mazz.

菊科 Asteraceae
蒲公英属 *Taraxacum*

别名：黄花地丁、婆婆丁
特征：多年生草本。叶倒卵状披针形、倒披针形或长圆状披针形，先端钝或急尖，边缘有时具波状齿或羽状深裂，有时倒向羽状深裂或大头羽状深裂，顶端裂片较大，全缘或具齿；每侧裂片3～5枚，裂片间常夹生小齿；叶柄及主脉常带红紫色。花葶一至数个，上部紫红色，密被蛛丝状白色长柔毛；总苞钟状，淡绿色，总苞片2～3层，基部淡绿色，上部紫红色；舌状花黄色，边缘花舌片背面具紫红色条纹，花药和柱头暗绿色。瘦果上部具小刺，下部具成行排列的小瘤；冠毛白色。花期4～9月；果期5～10月。
生境：生于中低海拔地区的山坡草地、河滩、田野、路边。
用途：全草入药，具有清热解毒、消肿散结的功效。

白缘蒲公英
Taraxacum platypecidum Diels

菊科 Asteraceae
蒲公英属 *Taraxacum*

别名：山西蒲公英

特征：多年生草本。叶长6~9厘米，宽1.5~2.5厘米，羽状浅裂至深裂；每侧裂片3~5片，侧裂片三角形，长达1厘米，先端尖或略钝，端部倒向，顶端裂片三角形。花葶比叶长，高10~15厘米，近顶端处密被蛛丝状毛；头状花序直径30~35毫米；总苞钟状，外层总苞片披针形，长8毫米，具极宽的白色膜质边缘，其余部分暗绿色，先端无小角或增厚，内层总苞片披针形；边缘舌状花背面具明显的暗绿色条纹；冠毛白色。花果期3~6月。

生境：生于海拔2200米的山坡草地。

用途：根入药，具有清热解毒、消菌抗肿瘤、美容养颜、利尿通淋的功效。

狗舌草

Tephroseris kirilowii (Turcz. ex DC.) Holub

菊科 Asteraceae
狗舌草属 *Tephroseris*

别名： 狗舌头草、铜交杯、糯米青、白火丹草

特征： 多年生草本。茎高20~60厘米，被密白色蛛丝状毛。基生叶数枚，莲座状，具短柄，在花期生存，长圆形或卵状长圆形，顶端钝，具小尖，基部楔状至渐狭成具狭至宽翅叶柄，两面被密或疏白色蛛丝状绒毛；茎生叶少数，向茎上部渐小，下部叶倒披针形，或倒披针状长圆形，基部半抱茎。头状花序径1.5~2厘米，3~11个排列成多少伞形状顶生伞房花序；花序梗长1.5~5厘米，被密蛛丝状绒毛；总苞近圆柱状钟形，总苞片18~20枚，绿色或紫色，草质，具狭膜质边缘，外面被密或有时疏蛛丝状毛，或多少脱毛；舌状花13~15，舌片黄色，长圆形，具3细齿，4脉；管状花多数，花冠黄色。瘦果圆柱形；冠毛白色。花期2~8月。

生境： 生于山坡、林下及塘边湿地。

用途： 全草入药，具有清热解毒、渗湿利尿的功效。

苍耳

Xanthium strumarium L.

菊科 Asteraceae
苍耳属 *Xanthium*

别名：苍子、稀刺苍耳、菜耳、猪耳、卷耳、葹、苓耳
特征：一年生草本。高20～120厘米。叶三角状卵形或心形，近全缘，与叶柄连接处成相等的楔形，边缘有不规则的粗锯齿，有基三出脉，上面绿色，下面苍白色。雄性的头状花序球形，总苞片长圆状披针形，花托柱状，有多数的雄花，花冠钟形，管部上端有5宽裂片；雌性的头状花序椭圆形，外层总苞片披针形，内层总苞片结合成囊状，宽卵形或椭圆形，绿色、淡黄绿色或有时带红褐色；在瘦果成熟时变坚硬，外面有疏生的具钩状的刺，刺极细而直；喙坚硬，锥形，上端略呈镰刀状。瘦果2，倒卵形。花期7～8月；果期9～10月。
生境：常生于低山、平原、丘陵、荒野、路边、田边。
用途：全草入药，用于感冒、头风、鼻渊、目赤、风癞、疔疮、疥癣、风温痹痛、拘挛麻木、皮肤瘙痒、痔疮、痢疾的治疗。

花蔺
Butomus umbellatus L.

花蔺科 Butomaceae
花蔺属 *Butomus*

别名：红麻、茶叶花、红柳子

特征：多年生水生草本。通常成丛生长。根茎横走或斜向生长，节生须根多数。叶基生，长30~120厘米，宽3~10毫米，无柄，先端渐尖，基部扩大成鞘状，鞘缘膜质。花葶圆柱形，长约70厘米；花序基部3枚苞片卵形，先端渐尖；花柄长4~10厘米；花被片外轮较小，萼片状，绿色而稍带红色，内轮较大，花瓣状，粉红色；雄蕊花丝扁平，基部较宽；雌蕊柱头纵折状向外弯曲。蓇葖果成熟时沿腹缝线开裂，顶端具长喙；种子多数，细小。花果期7~9月。

生境：生于沼泽、湿地、水稻田中。

用途：根茎淀粉含量高，可制淀粉。花、叶形态美观，可供观赏。

黄花葱
Allium condensatum Turcz.

百合科 Liliaceae
葱属 *Allium*

特征：多年生草本。鳞茎狭卵状柱形至近圆柱状，粗1~2（~2.5）厘米；鳞茎外皮红褐色，薄革质，有光泽，条裂。叶圆柱状或半圆柱状，上面具沟槽，中空，比花葶短，粗1~2.5毫米。花葶圆柱状，实心，高30~80厘米，下部被叶鞘；伞形花序球状，具多而密集的花；小花梗近等长；花淡黄色或白色；花被片卵状矩圆形，钝头，长4~5毫米，宽1.8~2.2毫米，外轮的略短；花丝等长，比花被片长1/4~1/2，锥形，无齿；子房倒卵球状，腹缝线基部具有短帘的凹陷蜜穴。花果期7~9月。

生境：生于草甸和向阳的山坡上。

用途：幼叶可供食用。

硬皮葱
Allium ledebourianum Roem.et Schult.

百合科 Liliaceae
葱属 Allium

特征：多年生草本。鳞茎数枚聚生，狭卵状圆柱形，粗0.3~1厘米；鳞茎外皮灰色至灰褐色，薄革质至革质，片状破裂。叶1~2枚，中空的管状，比花葶短，粗5~7（~10）毫米。花葶圆柱状，高15~70（~80）厘米；总苞2裂，宿存；伞形花序半球状至近球状，具多而密集的花；小花梗近等长，比花被片长1.5~3倍，基部无小花苞片；花淡紫色；花被片卵状披针形至披针形，具紫色中脉，先端具短尖头；花丝等长，等长于或略短于花被片，内轮花丝分离部分呈狭长三角形，基部约为外轮基部宽的1.5倍，外轮的锥形；子房卵球状，腹缝线基部具小的凹陷蜜穴；柱头点状。花果期6~9月。

生境：生于湿润草地、沟边、河谷以及山坡和沙地上。

用途：幼叶可供食用。

长柱韭
Allium longistylum Baker

百合科 Liliaceae
葱属 *Allium*

特征：多年生草本。鳞茎常数枚聚生，圆柱状；鳞茎外皮红褐色，干膜质至近革质，有光泽，条裂。叶半圆柱状，中空，与花葶近等长或略长，宽2~3毫米。花葶较细，圆柱状，高（10~）30~50厘米，中部以下被叶鞘；总苞2裂，比花序短；伞形花序球状，通常具多而密集的花；小花梗近等长，从与花被片近等长直到比其长3倍，基部具小苞片；花红色至紫红色；花被片长（3.5~）4~5毫米，宽1.8~2.5毫米，外轮的矩圆形，钝头，背面呈舟状隆起，内轮的卵形，钝头，比外轮的略长而宽；花丝等长，约为花被片的1倍长，锥形；子房倒卵状；花柱伸出花被外。花果期8~9月。

生境：生于草甸和山坡上。

用途：鳞茎可食用。

薤白
Allium macrostemon Bunge

百合科 Liliaceae
葱属 *Allium*

别名：小根蒜、密花小根蒜、团葱

特征：多年生草本。鳞茎近球状，粗0.7～1.5（～2）厘米；鳞茎外皮带黑色，纸质或膜质，不破裂。叶3～5枚，半圆柱状，中空，上面具沟槽，比花葶短。花葶圆柱状，高30～70厘米，1/4～1/3被叶鞘；总苞2裂，比花序短；伞形花序具多而密集的花；小花梗近等长，比花被片长3～5倍，基部具小苞片；珠芽暗紫色，基部亦具小苞片；花淡紫色或淡红色；花被片矩圆状卵形至矩圆状披针形，长4～5.5毫米，宽1.2～2毫米，内轮的常较狭；花丝等长，内轮的基部约为外轮基部宽的1.5倍；子房近球状，腹缝线基部具有帘的凹陷蜜穴；花柱伸出花被外。花果期5～7月。

生境：生于山坡、丘陵、山谷或草地上。

用途：本种入药，用于胸痹心痛、脘腹痞满胀痛的治疗。

野韭

Allium ramosum L.

百合科 Liliaceae

葱属 *Allium*

别名：山韭菜、宽叶韭

特征：多年生草本。具横生的粗壮根状茎，略倾斜；鳞茎近圆柱形；鳞茎外皮暗黄色至黄褐色。叶三棱状条形，背面具呈龙骨状隆起的纵棱，沿叶缘和纵棱具细糙齿或光滑。花葶圆柱状，具纵棱，高25~60厘米，下部被叶鞘；伞形花序半球状或近球状，多花；小花梗比花被片长2~4倍，基部除具小苞片外常在数枚小花梗的基部又为1枚共同的苞片所包围；花白色，稀淡红色；花被片具红色中脉；花丝等长；基部合生并与花被片贴生，分离部分狭三角形；子房倒圆锥状球形，具3圆棱，外壁具细的疣状突起。花果期6~9月。

生境：生于向阳山坡、草地和草坡上。

用途：叶可食用，可入药。

北葱

Allium schoenoprasum L.

百合科 Liliaceae
葱属 *Allium*

别名：香葱、胡葱、火葱

特征：多年生草本。鳞茎常数枚聚生，卵状圆柱形，粗0.5~1厘米；鳞茎外皮纸质，条裂。叶1~2枚，光滑，管状，中空，粗2~6毫米。花葶圆柱状，中空，光滑，高10~40（~60）厘米，1/3~1/2被光滑的叶鞘；总苞紫红色，2裂，宿存；伞形花序近球状，具多而密集的花，小花梗常不等长，短于花被片，内层的比外层的长，基部无小苞片；花紫红色至淡红色，具光泽；花被片等长，长7~11（~17）毫米，宽3~4毫米；内轮花丝基部狭三角形扩大，比外轮的基部宽1.5倍；子房近球状，腹缝线基部具小蜜穴。花果期7~9月。

生境：生于潮湿的草地、河谷、山坡或草甸。

用途：本种入药，具有增进食欲、防治心血管病的功效。

山韭

Allium senescens L.

百合科 Liliaceae | 葱属 *Allium*

别名： 野葱

特征： 多年生草本。高60~100厘米。根多数，细长，带肉质。茎直立。叶互生，广卵形、椭圆形至卵状披针形，先端渐尖，全缘式带微波状，基部渐狭而下沿呈鞘状，抱茎；上面青绿色，下面灰绿色。顶生大圆锥花序，总轴及枝轴均密被灰白色绵毛；雄花常生于花序轴下部，两性花多生于中部以上；枝轴基部有披针形苞片1枚，背面及边缘密被细绵毛；花多数，花梗基部具1小苞片，背面有细绵毛；花被6，紫黑色，卵形；雄蕊6，花丝丝状；子房卵形，3室，花柱3裂，先端外展。蒴果卵状三角形，熟时2裂；种子多数。花期7~8月；果期8~9月。

生境： 生于山坡、平地和草甸。

用途： 全草入药，用于中风痰涌、风痫癫疾等的治疗。

细叶韭

Allium tenuissimum L.

百合科 Liliaceae
葱属 *Allium*

别名：细丝韭、丝葱

特征：多年生矮小草本。鳞茎数枚聚生；鳞茎外皮顶端常不规则地破裂，内皮带紫红色，膜质。叶半圆柱状至近圆柱状，与花葶近等长，粗0.3~1毫米，光滑。花葶圆柱状，具细纵棱，光滑，高10~35（~50）厘米，下部被叶鞘；伞形花序半球状或近扫帚状，松散；小花梗长0.5~1.5厘米；花白色或淡红色；外轮花被片卵状矩圆形至阔卵状矩圆形，先端钝圆，长2.8~4毫米，宽1.5~2.5毫米，内轮的倒卵状矩圆形，先端平截或为钝圆状平截，常稍长，长3~4.2毫米，宽1.8~2.7毫米；花丝为花被片长度的2/3，基部合生并与花被片贴生，外轮锥形，内轮下部扩大成卵圆形，扩大部分约为花丝长度的2/3；子房卵球状；花柱不伸出花被外。花果期7~9月。

生境：生于山坡、草地或沙丘上。
用途：本种入药，具有消肿、活血通经的功效。

球序韭

Allium thunbergii G. Don

| 百合科 Liliaceae
| 葱属 *Allium*

特征：多年生草本。鳞茎常单生，卵状至狭卵状或卵状柱形，粗0.7~2（~2.5）厘米；鳞茎外皮污黑色或黑褐色，纸质，顶端常破裂成纤维状，内皮有时带淡红色，膜质。叶三棱状条形，中空或基部中空，背面具1纵棱，呈龙骨状隆起，短于或略长于花葶。花葶中生，圆柱状，中空，高30~70厘米，1/4~1/2被疏离的叶鞘；总苞单侧开裂或2裂，宿存；伞形花序球状，具多而极密集的花；小花梗近等长，比花被片长2~4倍，基部具小苞片；花红色至紫色；花被片椭圆形至卵状椭圆形，先端钝圆，外轮舟状，较短；花丝等长，约为花被片长的1.5倍，锥形，无齿，仅基部合生并与花被片贴生；子房倒卵状球形，腹缝线基部具有帘的凹陷蜜穴；花柱伸出花被外。花果期8~10月。

生境：生于山坡、草地或林缘。

用途：鳞茎可食用。

龙须菜

Asparagus schoberioides Kunth

百合科 Liliaceae
天门冬属 Asparagus

特征：直立草本。高可达1米。根细长。茎上部和分枝具纵棱。叶状枝通常每3~4枚成簇，窄条形，镰刀状，基部近锐三棱形，上部扁平，长1~4厘米，宽0.7~1毫米。鳞片状叶近披针形，基部无刺。花每2~4朵腋生，黄绿色；花梗很短；雄花花被长2~2.5毫米，雄蕊的花丝不贴生于花被片上；雌花和雄花近等大。浆果直径约6毫米，熟时红色，通常有1~2粒种子。花期5~6月；果期8~9月。

生境：生于草坡、湿地或林下。

用途：根状茎和根在河南常被作为中药，与白前混用。

曲枝天门冬

Asparagus trichophyllus Bunge

百合科 Liliaceae
天门冬属 Asparagus

特征：近直立草本。高60~100cm。茎光滑，上部回折状，分枝基部先下弯而后上升，强烈弧曲，呈半圆形，上部回折状；小枝具明显的软骨质齿；叶状枝通常每4~8枚一簇，略具4~5棱，直立或稍弯曲，长4~12mm，常略贴伏于小枝上，具明显的软骨质齿。叶鳞片状，基部具刺状距或距不明显，分枝上的鳞片叶的距不明显。花每2朵腋生，单性，雌雄异株，绿黄色或稍带紫色；花梗长12~18mm。浆果球形，成熟时红色，具3~5粒种子。花期5月；果期6~7月。

生境：生于山坡、灌丛、草甸中。

用途：根入药，具有祛风除湿的功能。

黄花菜
Hemerocallis citrina Baroni

百合科 Liliaceae
萱草属 *Hemerocallis*

别名：金针菜、柠檬萱草、金针花

特征：多年生草本。植株一般较高大。根近肉质，中下部常有纺锤状膨大。叶7~20枚，长50~130厘米，宽6~25毫米。花葶长短不一，一般稍长于叶，基部三棱形，上部多少圆柱形，有分枝；苞片披针形，自下向上渐短；花梗较短，通常长不到1厘米；花多朵；花被淡黄色，花被管长3~5厘米，花被裂片长6~12厘米。蒴果钝三棱状椭圆形，长3~5厘米；种子约20粒，黑色，有棱。花果期5~9月。

生境：生于山坡、山谷、荒地或草甸。

用途：花、茎、叶和根均可入药，具有健胃、利尿、消肿等功效。

小黄花菜
Hemerocallis minor Mill.

百合科 Liliaceae
萱草属 *Hemerocallis*

别名：黄花菜

特征：多年生草本植物。须根粗壮，根一般较细，不膨大。叶长20~60厘米，宽3~14毫米。花葶稍短于叶或近等长，顶端常具1~2花；花梗很短，苞片近披针形；花被淡黄色，花被管通常长1~2.5厘米，极少能近3厘米，花被裂片长4.5~6厘米，内三片宽1.5~2.3厘米。蒴果椭圆体形或矩圆状。花期6~7月；果期7~9月。

生境：生于草地、山坡或林下。

用途：花蕾可供食用。根可入药，具有健胃、利尿和消肿等功能。

大苞萱草
Hemerocallis middendorffii Trautvetter & C. A. Meyer

| 百合科 Liliaceae
| 萱草属 *Hemerocallis*

别名：大花萱草

特征：多年生草本。根多少呈绳索状，粗1.5～3毫米。具很短的根状茎。叶长50～80厘米，柔软，上部下弯。花葶与叶近等长，不分枝，在顶端聚生2～6朵花；苞片宽卵形，先端长渐尖至近尾状，全长1.8～4厘米；花近簇生，具很短的花梗；花被金黄色或橘黄色，花被管长1～1.7厘米，1/3～2/3为苞片所包（最上部的花除外），花被裂片长6～7.5厘米。蒴果椭圆形，稍有3钝棱，长约2厘米。花果期6～10月。

生境：生于海拔较低的林下、湿地、草甸或草地上。

用途：根入药，具有清热利尿、凉血止血的功效。

渥丹

Lilium concolor Salisb.

百合科 Liliaceae
百合属 *Lilium*

别名：有斑百合

特征：多年生草本。鳞茎卵球形，高2~3.5厘米，直径2~3.5厘米；鳞片卵形或卵状披针形，白色，鳞茎上方茎上有根；茎高30~50厘米，少数近基部带紫色，有小乳头状突起。叶散生，条形，脉3~7条，边缘有小乳头状突起，两面无毛。花1~5朵排成近伞形或总状花序；花梗长1.2~4.5厘米；花直立，星状开展，深红色，无斑点，有光泽；花被片矩圆状披针形；雄蕊向中心靠拢；子房圆柱形；花柱稍短于子房，柱头稍膨大。蒴果矩圆形。花期6~7月；果期8~9月。

生境：生于山坡草甸、路旁，灌木林下。

用途：鳞茎、叶、花均可食用。鳞茎、花可入药，具有祛风止痛、祛痰、止咳、止血、镇静和滋补的功效。花含芳香油，可作香料。

卷丹 百合科 Liliaceae
Lilium lancifolium Thunb. 百合属 *Lilium*

别名：虎皮百合、倒垂莲、药百合

特征：多年生草本。茎高25~65厘米，有小乳头突起。叶散生，矩圆状披针形或披针形，两面近无毛，先端有白毛，边缘有乳头状突起，有5~7条脉，上部叶腋有珠芽。花3~6朵或更多；苞片叶状，卵状披针形，有白绵毛；花梗长6.5~9厘米，紫色；花下垂，花被片披针形，反卷，橙红色，有紫黑色斑点；雄蕊四面张开；花丝淡红色，花药矩圆形；子房圆柱形；花柱长4.5~6.5厘米，柱头稍膨大，3裂。蒴果狭长卵球形。花期7~8月；果期9~10月。

生境：生于山坡灌木林下、草地、路边或水旁。

用途：鳞茎富含淀粉，供食用，亦可作药用。花含芳香油，可作香料。

山丹

Lilium pumilum DC.

百合科 Liliaceae
百合属 *Lilium*

别名： 细叶百合、萨日朗
特征： 多年生草本。鳞茎卵形或圆锥形，高2.5~4.5厘米，直径2~3厘米；鳞片矩圆形或长卵形，白色；茎高15~60厘米，有小乳头状突起，有的带紫色条纹。叶散生于茎中部，条形，中脉下面突出，边缘有乳头状突起。花单生或数朵排成总状花序，鲜红色，通常无斑点，下垂；花被片反卷；花药长椭圆形，黄色，花粉近红色；花柱稍长于子房或长1倍多，柱头膨大，3裂。蒴果矩圆形。花期7~8月；果期9~10月。
生境： 生于山坡草地或林缘。
用途： 鳞茎含淀粉，供食用，亦可入药，具有滋补强壮、止咳祛痰、利尿等功效。

玉竹

Polygonatum odoratum (Mill.) Druce

百合科 Liliaceae
黄精属 *Polygonatum*

别名：尾参、铃铛菜、地管子

特征：多年生草本。根状茎圆柱形。茎高20～50厘米，具7～12叶。叶互生，椭圆形至卵状矩圆形，下面带灰白色，下面脉上平滑至呈乳头状粗糙。花序具1～4花，总花梗（单花时为花梗）长1～1.5厘米，无苞片或有条状披针形苞片；花被黄绿色至白色，花被筒较直；花丝丝状，近平滑至具乳头状突起。浆果蓝黑色，具7～9粒种子。花期5～6月；果期7～9月。

生境：生于林下草甸或山野阴坡。

用途：根茎入药，具有养阴润燥、生津止渴的功效。

藜芦

Veratrum nigrum L.

百合科 Liliaceae
藜芦属 *Veratrum*

别名：黑藜芦、山葱

特征：多年生草本。高可达1米。通常粗壮，基部的鞘枯死后残留为有网眼的黑色纤维网。叶椭圆形、宽卵状椭圆形或卵状披针形，通常长22~25厘米，宽约10厘米，薄革质。圆锥花序密生黑紫色花；侧生总状花序近直立伸展，通常具雄花；顶生总状花序常较侧生花序长2倍以上，几乎全部着生两性花；总轴和枝轴密生白色绵状毛；小苞片披针形，边缘和背面有毛；花被片矩圆形，先端钝或浑圆，基部略收狭，全缘；雄蕊长为花被片的一半。蒴果。花果期7~9月。

生境：生于山坡林下或草丛中。

用途：根及根茎入药，具有杀虫、催吐、祛痰的功效。

尖被藜芦
Veratrum oxysepalum Turcz.

百合科 Liliaceae
藜芦属 *Veratrum*

别名：光脉藜芦、毛脉藜芦
特征：植株高达1米。基部密生无网眼的纤维束。叶椭圆形或矩圆形，先端渐尖或短急尖，基部无柄，抱茎。圆锥花序长30~35（~50）厘米，密生或疏生多数花，侧生总状花序近等长，长约10厘米，顶生花序多少等长于侧生花序，花序轴密生短绵状毛；花被片背面绿色，内面白色，矩圆形至倒卵状矩圆形，先端钝圆或稍尖，基部明显收狭，边缘具细牙齿，外花被片背面基部略生短毛；雄蕊长为花被片的1/2~3/4；子房疏生短柔毛或乳突状毛。花期7月。
生境：生于山坡林下或湿草甸。
用途：根茎入药，具有涌吐风痰、杀虫疗疮的功效。

鸢尾科 Iridaceae | 275

马蔺
Iris lactea Pall.

鸢尾科 Iridaceae
鸢尾属 *Iris*

别名： 马莲、马兰、马兰花

特征： 多年生密丛草本。根状茎粗壮，外包有大量致密的红紫色折断的老叶残留叶鞘及毛发状的纤维。叶基生，灰绿色，条形或狭剑形，基部鞘状，带红紫色。花茎光滑，高5~10厘米；苞片3~5枚，草质，内包含有2~4朵花；花乳白色、浅蓝色、蓝色或蓝紫色；花梗长4~7厘米；花被管甚短，外花被裂片倒披针形，顶端钝或急尖，爪部楔形，内花被裂片狭倒披针形，爪部狭楔形；雄蕊长2.5~3.2厘米。蒴果长椭圆状柱形，有6条明显的肋，顶端有短喙；种子为不规则的多面体。花期5~6月；果期6~9月。

生境： 生于路旁、荒地、山坡草地，特别是过度放牧的盐碱化草场上生长较多。

用途： 花、种子、根均可入药，具有利尿通便、除热止血、退烧、解毒、驱虫的功效。

粗根鸢尾
Iris tigridia Bunge

鸢尾科 Iridaceae
鸢尾属 *Iris*

别名：粗根马莲、拟虎鸢尾、甘肃鸢尾

特征：多年生草本。植株基部常有大量老叶叶鞘残留的纤维，棕褐色。根状茎短而小，木质。叶深绿色，有光泽，狭条形，花期叶长5~13厘米，宽1.5~2毫米，果期可长达30厘米，顶端长渐尖，基部鞘状，膜质，色较淡，无明显的中脉。花茎细，长2~4厘米，不伸出或略伸出地面；苞片2枚，黄绿色，内包含有1朵花；花蓝紫色，直径3.5~3.8厘米；花被管长约2厘米，上部逐渐变粗，外花被裂片狭倒卵形，长约3.5厘米，宽约1厘米，有紫褐色及白色的斑纹，爪部楔形，中脉上有黄色须毛状的附属物，内花被裂片倒披针形；子房绿色，狭纺锤形，长约1.2厘米。蒴果卵圆形或椭圆形，长3.5~4厘米，果皮革质，顶端渐尖成喙，成熟的果实只沿室背开裂至基部；种子棕褐色，梨形，有黄白色的附属物。花期5月；果期6~8月。

生境：生于固定沙丘、沙质草原或干山坡上。

用途：根及种子入药，具有养血安胎的功效。

灯芯草

Juncus effusus L.

灯芯草科 Juncaceae
灯芯草属 *Juncus*

别名： 小灯心草

特征： 一年生草本。高4~30厘米。茎丛生，细弱，直立或斜升，基部常红褐色。叶基生和茎生；茎生叶常1枚；叶片线形，扁平；叶鞘具膜质边缘，无叶耳。花序呈二歧聚伞状，或排列成圆锥状，生于茎顶，花序分枝细弱而微弯；叶状总苞片长1~9厘米；花排列疏松，具花梗和小苞片；小苞片2~3枚，三角状卵形，膜质；花被片披针形，背部中间绿色，边缘宽膜质，内轮者稍短；雄蕊6枚；柱头3；花常闭花受精。蒴果三棱状椭圆形。花期5~7月；果期6~9月。

生境： 生于河边、沼泽地、湿草地、湖岸。

用途： 全草入药，具有清心降火、利水通淋的功效。

野燕麦
Avena fatua L.

禾本科 Poaceae
燕麦属 Avena

别名：燕麦草、乌麦、南燕麦

特征：一年生草本。秆直立，光滑无毛，高60~120厘米。叶鞘松弛；叶舌透明膜质；叶片扁平，微粗糙，或上面和边缘疏生柔毛。圆锥花序开展，金字塔形，长10~25厘米，分枝具棱角，粗糙；小穗长18~25毫米，含2~3小花，其柄弯曲下垂，顶端膨胀；小穗轴密生淡棕色或白色硬毛；颖草质，几相等，通常具9脉；外稃质地坚硬，第一外稃长15~20毫米，背面中部以下具淡棕色或白色硬毛，芒自稃体中部稍下处伸出，长2~4厘米，膝曲，芒柱棕色，扭转。颖果被淡棕色柔毛，腹面具纵沟。花果期4~9月。

生境：生于荒芜田野或田间。

用途：全草入药，具有收敛止血、固表止汗的功效；还可作为粮食的代用品及牛、马的青饲料。

拂子茅

Calamagrostis epigeios (L.) Roth

禾本科 Poaceae
拂子茅属 *Calamagrostis*

别名：林中拂子茅、密花拂子茅

特征：多年生草本。具根状茎。秆直立，高45~100厘米。叶鞘平滑或稍粗糙；叶舌膜质，长5~9毫米，长圆形，先端易破裂；叶片长15~27厘米，上面及边缘粗糙，下面较平滑。圆锥花序紧密，圆筒形，劲直、具间断，分枝粗糙，直立或斜向上升；小穗淡绿色或带淡紫色；两颖近等长或第二颖微短，具1脉，第二颖具3脉，主脉粗糙；外稃透明膜质，长约为颖之半，顶端具2齿，基盘的柔毛几与颖等长，芒自稃体背中部附近伸出；内稃长约为外稃的2/3；雄蕊3，花药黄色。花果期5~9月。

生境：生于潮湿地及河岸沟渠旁。

用途：全草入药，具有催产及产后止血的功效；也是固定泥沙、保护河岸的良好材料，还是牲畜喜食的牧草。

假苇拂子茅

Calamagrostis pseudophragmites (Hall. F.) Koel.

禾本科 Poaceae
拂子茅属 *Calamagrostis*

别名：假苇子

特征：多年生粗壮草本。高40～100厘米。秆直立。叶鞘短于节间；叶片长10～30厘米，上面及边缘粗糙，下面平滑。圆锥花序长圆状披针形，疏松开展，分枝簇生；小穗草黄色或紫色；颖线状披针形，成熟后张开，顶端长渐尖，第二颖较第一颖短1/4～1/3，具1脉或第二颖具3脉，主脉粗糙；外稃透明膜质，具3脉，顶端全缘，稀微齿裂，芒自顶端或稍下伸出，细直，细弱；雄蕊3，花药长1～2毫米。花果期6～9月。

生境：生于山坡草地或河岸阴湿之处。

用途：可作饲料；生命力强，可作为防沙固堤的材料。

短芒大麦草

Hordeum brevisubulatum (Trin.) Link

禾本科 Poaceae
大麦属 Hordeum

别名： 野大麦

特征： 多年生草本。常具根茎。秆丛生，直立，基部节常弯曲，高40～80厘米，光滑，具3～4节。叶鞘无毛，通常短于节间，常具淡黄色尖形的叶耳，叶舌膜质，截平；叶片长5～15厘米，上面粗糙，下面较平滑。穗状花序长3～9厘米，宽3～5毫米，灰绿色，成熟时带紫色；穗轴节间长约2毫米，边缘具纤毛；三联小穗两侧者通常较小或发育不全，具长约1毫米的柄，其颖为针状，其外稃无芒，长约5毫米；中间小穗无柄，外稃长6～7毫米，较平滑或具刺毛，顶具1～2毫米长的尖头；内稃与外稃等长。花期6～8月。

生境： 生于河边、草地较湿润的土壤上。

用途： 优良牧草，也是改良低湿盐碱化草场的良种。

芒颖大麦草

Hordeum jubatum L.

禾本科 Poaceae
大麦属 Hordeum

别名：芒麦草

特征：越年生草本。秆丛生，直立或基部稍倾斜，平滑无毛，高30～45厘米，具3～5节。叶鞘下部者长于而中部以上者短于节间；叶舌干膜质、截平；叶片扁平，粗糙，长6～12厘米。穗状花序柔软，绿色或稍带紫色，长约10厘米（包括芒）；穗轴成熟时逐节断落，棱边具短硬纤毛；三联小穗两侧者各具长约1毫米的柄，两颖为长5～6厘米弯软细芒状，其小花通常退化为芒状；中间无柄小穗的颖长4.5～6.5厘米，细而弯；外稃披针形，具5脉，先端具长达7厘米的细芒；内稃与外稃等长。花果期5～8月。

生境：生于路旁或田野，为麦类作物田间的主要杂草。

用途：优良牧草，也是改良低湿盐碱化草场的良种。

洽草

Koeleria macrantha (Ledeb.) Schult.

禾本科 Poaceae
洽草属 *Koeleria*

别名： 大花落草、落草

特征： 多年生密丛草本。秆直立，具2~3节，高25~60厘米，在花序下密生绒毛。叶鞘灰白色或淡黄色，枯萎叶鞘多撕裂残存于秆基；叶舌膜质；叶片灰绿色，线形。圆锥花序穗状，下部间断，长5~12厘米，宽7~18毫米，有光泽，草绿色或黄褐色，主轴及分枝均被柔毛；小穗长4~5毫米，含2~3小花；颖倒卵状长圆形至长圆状披针形，边缘宽膜质，第一颖具1脉，第二颖具3脉；外稃披针形，先端尖，具3脉，边缘膜质，背部无芒，基盘钝圆，具微毛，第一外稃长约4毫米；内稃膜质，稍短于外稃，先端2裂。花果期5~9月。

生境： 生于山坡、草甸湿地或路旁。

用途： 优良牧草。

羊草

Leymus chinensis (Trin.) Tzvel.

禾本科 Poaceae
赖草属 *Leymus*

别名：碱草

特征：多年生草本。秆散生，直立，高40~90厘米，具4~5节。叶鞘平滑，基部残留叶鞘呈纤维状，枯黄色；叶舌截平。穗状花序直立，穗轴边缘具细小纤毛，基部节间长可达16毫米，小穗长10~22mm，含5~10花，通常2枚生于一节，上部或基部者通常单生，粉绿色，成熟时变黄，小穗轴节间平滑；颖锥状，等于或短于第一花，不覆盖第一外稃的基部，质地较硬，具不明显3脉，边缘微具纤毛；外稃披针形，具狭窄的膜质边缘，顶端渐尖或形成芒状小尖头，背部具不明显的5脉，基部平滑；内稃与外稃等长。花果期6~8月。

生境：生于平原的阔叶林区、田边、地埂及草原带。

用途：优良牧草。茎秆是造纸原料。茎能形成比较强大的根网，用作保持水土植物。

白草

Pennisetum flaccidum Griseb.

禾本科 Poaceae
狼尾草属 *Pennisetum*

别名： 兰坪狼尾草

特征： 多年生草本。高35~55米。具横走根茎。秆直立，单生或疏丛生。叶鞘无毛或鞘口及边缘具纤毛；叶舌膜质，顶端具纤毛，长1~1.5（~3）毫米；叶片平展，条形，长6~24厘米，宽3~8毫米。小穗长4~7毫米，含1~2朵小花，单生或2~3枚簇生，围以由刚毛（不孕小枝）形成的总苞，连同刚毛一起脱落；第一颖微小，第二颖长2.5~4毫米；第一外稃与小穗等长，内稃膜质或退化，第二外稃具芒尖。花果期7~9月。

生境： 生于沙地、山坡、田野和撂荒地。

用途： 根茎入药，具有利尿、止血、杀虫、解毒、敛疮的功效。

芦苇

Phragmites australis (Cav.) Trin. ex Steud.

禾本科 Poaceae
芦苇属 *Phragmites*

别名：芦芛、蒹葭

特征：多年生草本植物。高1～3米。根状茎十分发达。秆直立，具20多节。叶鞘下部者短于上部者，长于其节间；叶舌边缘密生1圈短纤毛；叶片披针状线形。圆锥花序大型，分枝多数，着生稠密下垂的小穗；小穗长约12毫米，含4花；颖具3脉；第一不孕外稃雄性，第二外稃长11毫米，具3脉，两侧密生等长于外稃的丝状柔毛，与无毛的小穗轴相连接处具明显关节，成熟后易自关节上脱落；内稃长约3毫米，两脊粗糙；雄蕊3。颖果长约1.5毫米。花期8～12月。

生境：生于江河湖泽、池塘沟渠沿岸和低湿地。

用途：入药具有清热解表的功效。可调节气候、涵养水源、净化污水。可以用作造纸和生产人造纤维的原料。可作饲料。

草地早熟禾
Poa pratensis L.

禾本科 Poaceae
早熟禾属 *Poa*

别名：六月禾、肯塔基

特征：多年生草本。高50～90厘米。具发达的匍匐根状茎。秆疏丛生，具2～4节。叶鞘长于节间。叶片线形，蘖生叶片较狭长。圆锥花序金字塔形或卵圆形；分枝开展，每节3～5枚，二次分枝，小枝上着生3～6枚小穗；小穗柄较短，卵圆形，含3～4小花；颖卵圆状披针形，第一颖具1脉，第二颖具3脉；外稃膜质，顶端稍钝，间脉明显，基盘具稠密长绵毛；内稃较短于外稃，脊粗糙至具小纤毛；花药长1.5～2毫米。颖果纺锤形，具3棱。花期5～6月；果期7～9月。

生境：生于湿润草甸、草坡、沙地。

用途：可用作公园、广场的绿化植物；具有一定的降血糖功效。

碱茅

Puccinellia distans (L.) Parl.

禾本科 Poaceae
碱茅属 *Puccinellia*

特征：多年生草本。秆直立，高20～30（~60）厘米，常压扁。叶鞘长于节间，平滑无毛；叶舌长1～2毫米，截平或齿裂；叶片线形，长2～10厘米，扁平或对折。圆锥花序开展，长5～15厘米，宽5～6厘米，每节具2～6分枝；分枝细长，平展或下垂，下部裸露，微粗糙，基部主枝长达8厘米；小穗柄短；小穗含5～7小花，长4～6毫米；小穗轴节间长约0.5毫米，平滑无毛；颖质薄，顶端钝，具细齿裂，第一颖具1脉，长1～1.5毫米，第二颖长1.5～2毫米，具3脉；外稃具不明显5脉，基部有短柔毛；第一外稃长约2毫米；花药长约0.8毫米。颖果纺锤形，长约1.2毫米。花果期5～7月。

生境：生于轻度盐碱性湿润草地、田边、水溪、河谷、低草甸盐化沙地。

用途：优良牧草。

金色狗尾草

Setaria pumila (Poir.) Roem. & Schult.

禾本科 Poaceae
狗尾草属 Setaria

别名：狗尾巴、黄色狐尾草

特征：多年生草本。成株秆直立或基部倾斜，高20~90厘米。幼苗第一叶线状长椭圆形，先端锐尖；第二至五叶为线状披针形，基部具长毛，叶鞘无毛；叶片线形，长5~40厘米，顶端长渐尖，基部钝圆；叶鞘无毛，下部者压扁具脊，上部者圆柱状。花和子实圆锥花序紧缩，圆柱状，主轴被微柔毛；刚毛稍粗糙，金黄色或稍带褐色；小穗椭圆形，长约3毫米，顶端尖，通常在一簇中仅1个发育。颖果宽卵形，暗灰色或灰绿色；脐明显，近圆形，褐黄色。花果期6~10月。

生境：生于路旁、山地、田边、荒芜的园地及荒野。

用途：全草入药，具有祛风明目、清热利尿的功效。

针茅

Stipa capillata L.

禾本科 Poaceae
针茅属 *Stipa*

别名：克氏针茅

特征：多年生密丛型草本。秆直立，高30～60厘米。叶鞘光滑；叶舌披针形，白色，膜质；基生叶长达30厘米，茎生叶长10～20厘米。圆锥花序基部包于叶鞘内，分枝细弱，2～4枝簇生；小穗稀疏；颖披针形，草绿色，成熟后淡紫色，先端白色，膜质，长20～28毫米，第一颖略长，具3脉，第二颖稍短，具4～5脉；外稃长9～11.5毫米，顶端关节处被短毛，基盘长约3毫米，密被白色柔毛；芒二回膝曲，光滑，第一芒柱扭转，长2～2.5厘米，第二芒柱长约1厘米，芒针丝状弯曲，长7～12厘米。花果期6～8月。

生境：多生于山前洪积扇、平滩地或河谷阶地上。

用途：优良牧草。

大针茅
Stipa grandis P. Smirn. | 禾本科 Poaceae
针茅属 *Stipa*

特征： 多年生密丛草本。秆高50~100厘米，具3~4节，基部宿存枯萎叶鞘。叶鞘粗糙或老时变平滑；基生叶舌钝圆，缘具睫毛；叶片纵卷似针状，上面具微毛，下面光滑，基生叶长可达50厘米。圆锥花序基部包藏于叶鞘内，长20~50厘米，直立上举；小穗淡绿色或紫色；颖长3~4.5厘米，尖披针形，第一颖具3~4脉，第二颖具5脉；外稃长1.5~1.6厘米，具5脉，顶端关节处生1圈短毛，基盘尖锐，具柔毛，长约4毫米，芒两回膝曲扭转，微糙涩，第一芒柱长7~10厘米，第二芒柱长2~2.5厘米，芒针卷曲，长11~18厘米；内稃与外稃等长，具2脉。花果期5~8月。

生境： 生于广阔、平坦的草地上。

用途： 优良牧草。

水烛

Typha angustifolia L.

香蒲科 Typhaceae
香蒲属 Typha

别名：狭叶香蒲、水蒲草、水菖蒲

特征：多年生水生或沼生草本。根状茎乳黄色、灰黄色，先端白色；地上茎直立，粗壮，高1.5～3米。叶片上部扁平，中部以下腹面微凹，下部横切面呈半圆形，细胞间隙大，呈海绵状；叶鞘抱茎。雌雄花序相距2.5～6.9厘米；雄花序轴具褐色扁柔毛；叶状苞片1～3枚，花后脱落；雌花序长15～30厘米，基部具1枚叶状苞片；雄花由3枚雄蕊合生，花药长距圆形；雌花具小苞片。小坚果长椭圆形，具褐色斑点，纵裂；种子深褐色。花果期6～9月。

生境：生于湖泊、河流、沼泽、池塘等处。

用途：花粉即蒲黄，可入药，具有行瘀利尿、收敛止血的功效。

香蒲

Typha orientalis Presl

香蒲科 Typhaceae
香蒲属 *Typha*

别名：菖蒲、长苞香蒲、水烛
特征：多年生水生或沼生草本。根状茎乳白色；地上茎粗壮，高 1.3～2 米。叶片条形，长 40～70 厘米，宽 0.4～0.9 厘米，上部扁平，下部腹面微凹，背面逐渐隆起呈凸形，细胞间隙大，海绵状；叶鞘抱茎。雌雄花序紧密连接；雄花序长 2.7～9.2 厘米，花序轴具白色弯曲柔毛，自基部向上具 1～3 枚叶状苞片，花后脱落；雌花序长 4.5～15.2 厘米，基部具 1 枚叶状苞片，花后脱落；雄花通常由 3 枚雄蕊组成，有时 2 枚，或 4 枚雄蕊合生；雌花无小苞片，孕性雌花柱头匙形，外弯，子房纺锤形至披针形，不孕雌花子房长约 1.2 毫米，近于圆锥形，先端呈圆形，不发育柱头宿存；白色丝状毛通常单生。小坚果椭圆形至长椭圆形；果皮具长形褐色斑点。花果期 5～8 月。
生境：生于湖泊、池塘、沟渠、沼泽及河流缓流带。
用途：具有活血化瘀、止血镇痛、通淋的功效。

扁秆荆三棱

Bolboschoenus planiculmis (F. Schmidt) T. V. Egorova

莎草科 Cyperaceae
三棱草属 *Bolboschoenus*

别名：扁秆藨草

特征：多年生草本。具匍匐根状茎和块茎。秆高60~100厘米，一般较细，三棱形，平滑，基部膨大。叶扁平，宽2~5毫米，具长叶鞘。叶状苞片1~3枚，常长于花序；长侧枝聚伞花序短缩成头状，或有时具少数辐射枝，通常具1~6个小穗；小穗卵形或长圆状卵形，锈褐色，长10~16毫米，具多数花；鳞片膜质，长圆形或椭圆形，长6~8毫米，褐色或深褐色，外面被稀少的柔毛，背面具1条稍宽的中肋，顶端或多或少缺刻状撕裂，具芒；下位刚毛4~6条，上生倒刺；雄蕊3，花药线形，长约3毫米；花柱长，柱头2。小坚果宽倒卵形或倒卵形，长3~3.5毫米。花期5~6月；果期7~9月。

生境：生于湖、河边近水处。

用途：根入药，具有止咳、破血、通径、行气、消积、止痛的功效。

水葱

Schoenoplectus tabernaemontani (C. C. Cmelin) Palla

莎草科 Cyperaceae
水葱属 *Schoenoplectus*

别名：南水葱

特征：多年生草本。高1~2米。秆高大，圆柱状，平滑，基部具3~4枚叶鞘，管状，最上面一枚叶鞘具叶片。叶片线形；苞片1枚，钻状，常短于花序。长侧枝聚伞花序简单或复出，假侧生，具4~13或更多个辐射枝；辐射枝一面凸，一面凹，边缘有锯齿；小穗单生或2~3个簇生于辐射枝顶端；鳞片椭圆形或宽卵形；下位刚毛6条，红棕色，有倒刺；雄蕊3，花药线形，药隔突出；花柱中等长，柱头2，罕3。小坚果倒卵形或椭圆形，双凸状，少有三棱形。花果期6~9月。

生境：生于浅水塘、沼泽地、湖边、水边或湿地草丛中。

用途：全草入药，具有利水消肿、抗菌消炎的功效。

手参

Gymnadenia conopsea (L.) R. Br.

兰科 Orchidaceae
手参属 *Gymnadenia*

别名：掌参、佛手参、阴阳参
特征：多年生草本。植株高20~60厘米。块茎椭圆形，长1~3.5厘米，肉质，下部掌状分裂；茎基部具2~3枚筒状鞘，其上具4~5枚叶，上部具1至数枚苞片状小叶。叶片线状披针形、狭长圆形或带形，基部收狭成抱茎的鞘。花苞片披针形，直立伸展，先端长渐尖成尾状；花粉红色；中萼片宽椭圆形或宽卵状椭圆形，略呈兜状，具3脉；花瓣直立，斜卵状三角形，与中萼片等长，与侧萼片近等宽，边缘具细锯齿，具3脉，前面的1条脉常具支脉；距细而长，狭圆筒形，下垂，长约1厘米。花期6~8月。
生境：生于山坡林下、草地或砾石滩草丛中。
用途：块茎入药，具有补肾益精、理气止痛的功效。

绶草
Spiranthes sinensisi (Pers.)Ames

兰科 Orchidaceae
绶草属 *Spiranthes*

别名：盘龙参、龙抱柱、盘龙草
特征：多年生草本。高15~50厘米。茎直立，基部簇生数条粗厚、肉质的根，近基部生2~4枚叶。叶条状倒披针形或条形。花序顶生，具多数密生的小花，似穗状；花白色或淡红色，螺旋状排列；花苞片卵形；中萼片条形，侧萼片等长；花瓣和中萼片等长但较薄；唇瓣近长圆形，先端极钝，伸展，基部至中部边缘全缘，中部以上呈强烈的皱波状啮齿，表面具皱波状长硬毛，基部呈浅囊状，囊内具2枚突起；花粉粉状。蒴果有细毛。花期2~5月或6~8月；果期3~6月或8~9月。
生境：生于灌丛下、山坡林下、路边、草地或沟边草丛中。
用途：根及全草入药，具有益气养阴、清热解毒的功效。

索　引

中文名索引

A
阿尔泰狗娃花	198
艾	192

B
巴天酸模	13
白八宝	63
白草	285
白杜	112
白花点地梅	134
白花碎米荠	55
白屈菜	52
白头翁	42
白香草木樨	91
白缘蒲公英	251
百里香	162
百蕊草	6
瓣蕊唐松草	47
薄荷	156
北柴胡	123
北葱	260
北方沙参	184
北乌头	30
萹蓄	10
扁秆荆三棱	294
扁蕾	139
变色苦荬菜	226
滨菊	233
并头黄芩	161
波叶大黄	12
播娘蒿	58

C
苍耳	253
糙叶败酱	181
糙叶黄芪	87
草本威灵仙	172
草地风毛菊	242
草地老鹳草	106
草地早熟禾	287
草芍药	51
草原石头花	17
叉分蓼	8
叉歧繁缕	21
长瓣铁线莲	38
长柄唐松草	48
长冬草	37
长裂苦苣菜	245
长药八宝	64
长叶碱毛茛	41
长柱韭	257
长柱沙参	186
串铃草	159
刺儿菜	210
刺果茶藨子	71
粗根老鹳草	105
粗根鸢尾	276
翠菊	204
翠雀	39

D
达乌里黄芪	86
达乌里秦艽	140
打碗花	146
大苞萱草	268
大车前	177
大翅蓟	239
大果琉璃草	149
大穗花	170
大叶野豌豆	101
大针茅	291
大籽蒿	196
淡红座蒲公英	249
地黄	171
地榆	82
灯芯草	277
东亚唐松草	46
独活	128
短芒大麦草	281
短毛独活	129
多花麻花头	229
多茎委陵菜	78
多裂叶荆芥	158

E
峨参	122
二色补血草	137
二色棘豆	95

F
反枝苋	25
防风	130
飞廉	206
费菜	67
粉报春	135
拂子茅	279

G
高山紫菀	197
高原毛茛	44
葛缕子	126
狗舌草	252
广布野豌豆	100

H
黑柴胡	125
红柴胡	124
红景天	69

红纹马先蒿	166	葵花大蓟	215	牛口刺	214
胡枝子	90	**L**		**O**	
花蔺	254	蓝刺头	218	欧亚旋覆花	223
花锚	142	蓝花棘豆	96	**P**	
花苜蓿	93	蓝叶忍冬	178	蓬子菜	144
花旗杆	59	狼毒	115	披针叶野决明	98
花葱	145	老鹳草	108	平车前	176
华北八宝	65	老牛筋	14	蒲公英	250
华北蓝盆花	183	藜芦	273	**Q**	
华北耧斗菜	33	莲座蓟	211	洽草	283
华北乌头	29	联毛紫菀	203	千屈菜	118
黄花菜	266	列当	174	芹叶牻牛儿苗	103
黄花葱	255	柳穿鱼	164	芹叶铁线莲	35
黄花蒿	191	柳兰	119	秦艽	141
黄花列当	175	柳叶旋覆花	225	青蒿	193
黄芩	160	龙须菜	264	箐姑草	22
黄香草木樨	92	龙牙草	72	秋英	217
灰背老鹳草	109	漏芦	241	球序韭	263
火媒草	237	芦苇	286	曲枝天门冬	265
火绒草	231			瞿麦	16
J		**M**		全缘橐吾	236
假苇拂子茅	280	麻花头	228	拳参	11
尖被藜芦	274	马兰	199	**R**	
碱地风毛菊	244	马蔺	275	绒背蓟	216
碱毛茛	40	蔓茎蝇子草	20	乳浆大戟	111
碱茅	288	芒颖大麦草	282	乳苣	230
碱蓬	24	牻牛儿苗	104	**S**	
角蒿	173	猫耳菊	222	赛菊芋	219
节节草	2	毛萼香芥	57	沙棘	116
金莲花	50	毛茛	43	沙棘	121
金露梅	76	毛建草	152	砂珍棘豆	97
金色狗尾草	289	毛连菜	240	山刺玫	81
锦葵	114	梅花草	70	山丹	271
桔梗	188	美蔷薇	80	山韭	261
卷丹	270	蒙古蒿	194	山马兰	200
卷耳	15	米口袋	89	山蚂蚱草	19
绢茸火绒草	232	密花香薷	153	山牛蒡	247
蕨麻	73	棉团铁线莲	36	杉叶藻	120
K		苜蓿	94	少蕊败酱	180
康藏荆芥	157	**N**			
苦苣菜	246	泥胡菜	221		
苦荬菜	227	牛扁	28		

蛇床	127	猬菊	238	羊草	284		
薯	190	蚊子草	74	野火球	99		
石沙参	185	问荆	1	野蓟	212		
手参	296	渥丹	269	野韭	259		
绶草	297	无柄穗花	169	野燕麦	278		
蜀葵	113	勿忘草	150	野罂粟	53		
鼠掌老鹳草	107			异叶败酱	179		
水葱	295	**X**		益母草	154		
水棘针	151	西伯利亚蓼	7	银莲花	31		
水金凤	110	细叶韭	262	银露梅	77		
水蕨	3	细叶益母草	155	迎红杜鹃	133		
水毛茛	34	狭苞橐吾	235	硬皮葱	256		
水烛	292	香蒲	293	榆叶梅	79		
丝毛飞廉	205	小丛红景天	68	玉竹	272		
酸模叶蓼	9	小红菊	207	圆叶牵牛	148		
穗花马先蒿	165	小花草玉梅	32	圆锥石头花	18		
		小花糖芥	62	缘毛紫菀	201		
T		小黄花菜	267	芸薹	54		
唐松草	45	小藜	23				
糖芥	61	小窃衣	132	**Z**			
桃叶鸦葱	248	小山菊	209	泽芹	131		
蹄叶橐吾	234	小叶锦鸡儿	88	展枝唐松草	49		
天仙子	163	楔叶菊	208	针茅	290		
田旋花	147	斜茎黄芪	85	珍珠柴	27		
葶苈	60	缬草	182	珍珠梅	83		
土庄绣线菊	84	薤白	258	中华蹄盖蕨	4		
兔儿尾苗	168	苋菜	143	皱果苋	26		
		旋覆花	224	猪毛蒿	195		
W				紫斑风铃草	187		
瓦松	66	**Y**		紫苞风毛菊	243		
歪头菜	102	亚洲薯	189	紫丁香	138		
万叶马先蒿	167	胭脂花	136	紫花地丁	117		
伪泥胡菜	220	烟管蓟	213	紫花碎米芥	56		
委陵菜	75	岩蕨	5	紫菀	202		

学名索引

A

Achillea asiatica	189
Achillea millefolium	190
Aconitum barbatum var. *puberulum*	28
Aconitum jeholense var. *angustius*	29
Aconitum kusnezoffii	30
Adenophora gmelinii	184
Adenophora polyantha	185
Adenophora stenanthina	186
Agrimonia pilosa	72
Alcea rosea	113
Allium condensatum	255
Allium ledebourianum	256
Allium longistylum	257
Allium macrostemon	258
Allium ramosum	259
Allium schoenoprasum	260
Allium senescens	261
Allium tenuissimum	262
Allium thunbergii	263
Amaranthus retroflexus	25
Amaranthus viridis	26
Amethystea caerulea	151
Androsace incana	134
Anemone cathayensis	31
Anemone rivularis var. *flore-minore*	32
Anthriscus sylvestris	122
Aquilegia yabeana	33
Arenaria juncea	14
Argentina anserina	73
Artemisia annua	191
Artemisia argyi	192
Artemisia mongolica	194
Artemisia scoparia	195
Artemisia sieversiana	196
Artemisia caruifolia	193
Asparagus schoberioides	264
Asparagus trichophyllus	265
Aster alpinus	197
Aster altaicus	198
Aster indicus	199
Aster lautureanus	200
Aster souliei	201
Aster tataricus	202
Astragalus dahuricus	86
Astragalus laxmannii	85
Astragalus scaberrimus	87
Athyrium sinense	4
Avena fatua	278

B

Batrachium bungei	34
Bolboschoenus planiculmis	294
Brassica rapa var. *oleifera*	54
Bupleurum chinensis	123
Bupleurum scorzonerifolium	124
Bupleurum smithii	125
Butomus umbellatus	254

C

Calamagrostis epigeios	279
Calamagrostis pseudophragmites	280
Callistephus chinensis	204
Calystegia hederacea	146
Campanula punctata	187
Caragana microphylla	88
Cardamine leucantha	55
Cardamine tangutorum	56
Carduus crispus	205
Carduus nutans	206
Caroxylon passerinum	27
Carum carvi	126
Cerastium arvense subsp. *strictum*	15
Ceratopteris thalictroides	3
Chamerion angustifolium	119
Chelidonium majus	52
Chenopodium ficifolium	23
Chrysanthemum naktongense	208
Chrysanthemum oreastrum	209
Chrysanthemum chanetii	207

Cirsium arvense var. *integrifolium*	210
Cirsium esculentum	211
Cirsium maackii	212
Cirsium pendulum	213
Cirsium shansiense	214
Cirsium souliei	215
Cirsium vlassovianum	216
Clausia trichosepala	57
Clematis aethusifolia	35
Clematis hexapetala var. *tchefouensis*	37
Clematis hexapetala	36
Clematis macropetala	38
Cnidium monnieri	127
Convolvulus arvensis	147
Cornus bretschneideri	121
Cosmos bipinnatus	217
Cynoglossum divaricatum	149

D

Delphinium grandiflorum	39
Descurainia sophia	58
Dianthus superbus	16
Dontostemon dentatus	59
Draba nemorosa	60
Dracocephalum rupestre	152

E

Echinops sphaerocephalus	218
Elsholtzia densa	153
Equisetum arvense	1
Equisetum ramosissimum	2
Erodium cicutarium	103
Erodium stephanianum	104
Erysimum amurense	61
Erysimum cheiranthoides	62
Euonymus maackii	112
Euphorbia esula	111

F

Filipendula palmata	74

G

Galium verum	144
Gentiana dahurica	140
Gentiana macrophylla	141
Gentianopsis barbata	139
Geranium dahuricum	105
Geranium pratense	106
Geranium sibiricum	107
Geranium wilfordii	108
Geranium wlassovianum	109
Gueldenstaedtia verna	89
Gymnadenia conopsea	296
Gypsophila davurica	17
Gypsophila paniculata	18

H

Halenia corniculata	142
Halerpestes ruthenica	41
Halerpestes sarmentosa	40
Heliopsis helianthoides	219
Hemerocallis citrina	266
Hemerocallis minor	267
Hemerocallis middendorffii	268
Hemisteptia lyrata	221
Heracleum hemsleyanum	128
Heracleum moellendorffii	129
Hippophae rhamnoides	116
Hippuris vulgaris	120
Hordeum brevisubulatum	281
Hordeum jubatum	282
Hylotelephium pallescens	63
Hylotelephium tatarinowii	65
Hylotelephium spectabile	64
Hyoscyamus niger	163
Hypochaeris ciliata	222

I

Impatiens noli-tangere	110
Incarvillea sinensis	173
Inula britannica	223
Inula japonica	224
Inula salicina	225
Ipomoea purpurea	148
Iris lactea	275
Iris tigridia	276
Ixeris chinensis subsp. *versicolor*	226
Ixeris polycephala	227

J

Juncus effusus	277

K

Klasea centauroides subsp. *polycephala*	229
Klasea centauroides	228
Knorringia sibirica	7
Koeleria macrantha	283
Koenigia divaricata	8

L

Lactuca tatarica	230
Leontopodium leontopodioides	231
Leontopodium smithianum	232
Leonurus japonicus	154
Leonurus sibiricus	155
Lespedeza bicolor	90
Leucanthemum vulgare	233
Leymus chinensis	284
Ligularia fischeri	234
Ligularia intermedia	235
Ligularia mongolica	236
Lilium concolor	269
Lilium lancifolium	270
Lilium pumilum	271
Limonium bicolor	137
Linaria vulgaris subsp. *chinensis*	164
Lonicera korolkowii	178
Lythrum salicaria	118

M

Malva cathayensis	114
Medicago ruthenica	93
Medicago sativa	94
Melilotus albus	91
Melilotus officinalis	92
Mentha canadensis	156
Myosotis alpestris	150

N

Nepeta multifida	158
Nepeta prattii	157
Nymphoides peltata	143

O

Olgaea leucophylla	237
Olgaea lomonossowii	238
Onopordum acanthium	239
Orobanche coerulescens	174
Orobanche pycnostachya	175
Orostachys fimbriata	66
Oxytropis bicolor	95
Oxytropis coerulea	96
Oxytropis racemosa	97

P

Paeonia obovata	51
Papaver nudicaule	53
Parnassia palustris	70
Patrinia heterophylla	179
Patrinia monandra	180
Patrinia scabra	181
Pedicularis myriophylla	167
Pedicularis spicata	165
Pedicularis striata	166
Pennisetum flaccidum	285
Persicaria lapathifolia	9
Phedimus aizoon	67
Phlomoides mongolica	159
Phragmites australis	286
Picris hieracioides	240
Plantago depressa	176
Plantago major	177
Platycodon grandiflorus	188
Poa pretensis	287
Polemonium caeruleum	145
Polygonatum odoratum	272
Polygonum aviculare	10
Polygonum bistorta	11
Potentilla chinensis	75
Potentilla glabra	77
Potentilla multicaulis	78
Potentilla fruticosa	76
Primula farinosa	135
Primula maximowiczii	136
Prunus triloba	79
Pseudolysimachion dauricum	170
Pseudolysimachion longifolium	168

Pseudolysimachion rotundum	169	Stipa capillata	290
Puccinellia distans	288	Stipa grandis	291
Pulsatilla chinensis	42	Suaeda glauca	24
		Symphyotrichum novi-belgii	203
		Synurus deltoides	247
R		Syringa oblata	138
Ranunculus japonicus	43		
Ranunculus tanguticus	44		
Rehmannia glutinosa	171	**T**	
Rhaponticum uniflorum	241	Taraxacum erythropodium	249
Rheum rhabarbarum	12	Taraxacum platypecidum	251
Rhodiola dumulosa	68	Taraxacum mongolicum	250
Rhodiola rosea	69	Tephroseris kirilowii	252
Rhododendron mucronulatum	133	Thalictrum aquilegiifolium var. sibiricum	45
Ribes burejense	71	Thalictrum minus var. hypoleucum	46
Rosa bella	80	Thalictrum petaloideum	47
Rosa davurica	81	Thalictrum przewalskii	48
Rumex patientia	13	Thalictrum squarrosum	49
		Thermopsis lanceolata	98
		Thesium chinense	6
S		Thymus mongolicus	162
Sanguisorba officinalis	82	Torilis japonica	132
Saposhnikovia divaricata	130	Trifolium lupinaster	99
Saussurea amara	242	Trollius chinensis	50
Saussurea purpurascens	243	Typha angustifolia	292
Saussurea runcinata	244	Typha orientalis	293
Scabiosa comosa	183		
Schoenoplectus tabernaemontani	295		
Scorzonera sinensis	248	**V**	
Scutellaria baicalensis	160	Valeriana officinalis	182
Scutellaria scordifolia	161	Veratrum nigrum	273
Serratula coronata	220	Veratrum oxysepalum	274
Setaria pumila	289	Veronicastrum sibiricum	172
Silene jenisseensis	19	Vicia cracca	100
Silene repens	20	Vicia pseudo-orobus	101
Sium suave	131	Vicia unijuga	102
Sonchus brachyotus	245	Viola philippica	117
Sonchus oleraceus	246		
Sorbaria sorbifolia	83		
Spiraea pubescens	84	**W**	
Spiranthes sinensisi	297	Woodsia ilvensis	5
Stellaria dichotoma	21		
Stellaria vestita	22	**X**	
Stellera chamaejasme	115	Xanthium strumarium	253